내 몸에 꼭 맞는

서울 근교

웰빙 산행 1

글·사진_손치석

BIG 북갤러리

머리말

　　산행을 시작한지 어언 20여 년의 세월이 흘렀다. 처음에는 집에서 가까운 검단산(하남)을 가벼운 차림으로 구석구석을 찾아 오르면서 사시사철 변하는 산의 참 모습과 묵묵히 받아주는 그 넉넉함이 필자의 마음을 사로잡았다. 그리고 산행시 피곤한 몸에서 느끼는 야릇한 쾌감과 산뜻한 정신은 비할 데가 없었다. 차츰 좀더 멀리, 높게 산행을 하면서 안내서를 하나 둘 구입하여 산행 계획을 수립하며, 목표로 하는 산의 모습을 상상하는 그 즐거움과 기대감은 언제나 마음을 설레게 했다. 특히 봄부터 가을까지 피는 산유화와 겨울의 서리꽃, 안개꽃, 눈꽃은 나를 위하여 만든 하느님의 작품과 같다라는 생각에서 자연을 노래한 적이 한두 번이 아니었다. 그래서 산을 사랑하게 됐고, 내가 아끼는 애인같이 부드럽게 그러나 어떤 때는 토라지는 그 모습에 나는 점점 더 매료되어 갔다.

　　그런데 나를 가끔 화나게 하는 것이 등산 안내서였다. 열심히 보고 숙지하고 복사까지 하여 가지고 간 안내 지도가 엉터리란 것이 현지 산행을 했을 때 확인됐기 때문이다. 도로가 신설되었거나 폐쇄됐으며 군사보호지역, 지뢰지대 등 예기치 못한 상황에 부딪쳤을 때는 당황하고 섬뜩하여 참으로 난감했다. 이러한 상황은 필자만이 느끼는 것이 아니라 산행을 하는 사람들의 공통된 불만이기도 했다. 그래서 다시 서점을 찾았지만, 최근 등산 정보는 더 이상 찾을 수가 없었다. 필자는 옛 자료를 다시 정리하면서 등산로를 확인하고 사진에 담으며 각 지방자치단체의 문화공보과를 방문, 자료를 수집했다. 그래서 한 권의 책으로 만들어 등산 마니아에게 도움을 주겠다는 '일념으로 시작한지 어언 5년여의 시간이 소요됐다. 그러나 전문직업인으로서는 하기 어려운 작업이었다. 주말은 말할 것도 없고 주중에도 날씨만 청명하면 배낭과 카메라를 메고 산을 헤매다가 해가 저물어 귀가할 때가 다반사였다. 그래서 모아진 자료를 토대로 개념도를 그리고 설명문을 썼고, 교통과 유적명소, 숙식 등을 가능한 자세히 기록, 서울과 경기도의 산과 봉 163개를 엮어서 지난 2000년 한강이북편《거기에 산이 있었네 1》과 2001년 한강이남편《거기에 산이 있었네 2》를 각각 출간하게 되었다.

　이렇게 출간된 책들은 여러 매스컴과 등산 애호가들로부터 많은 격려와 호평을 들었다. 하지만 일부에서는 책이 너무 크고 무거워서 산행시 직접 들고 다니기가 불편하다는 하소연도 듣게 되었다. 산행시 필요한 지도를 직접 복사하는 불편함이나 컬러 복사가 아닐 경우에는 등산로의 형태가 불분명하고, 현장에서 산행에 필요한 모든 내용을 숙지가하기 곤란하다는 점 등을 들어왔던 것

이다. 그래서 휴대용으로 만들어 등산시 배낭에
직접 꽂고 다닐 수 있도록 간편하게 분리하여 이
번에《내 몸에 꼭 맞는 서울 근교 웰빙산행》시리
즈로 고쳐 출간하게 되었다. 이 책에는 그동안 독
자들이 제보해준 필자의 실수로 인한 내용의 오류
나 수정사항을 다시 수정, 보완하였다는 점도 밝
힌다. 좋은 등산 안내서가 되기 위해서는 수시로
변하는 각 등산로의 환경 변화에 따른 발빠른 제
보와 수정이 이어져야 한다고 본다. 또 다른 독자
들의 좋은 제보가 지속적으로 이어지길 기대한다.

고침판 시리즈로 이번에 출간한《내 몸에 꼭
맞는 서울 근교 웰빙산행》시리즈가 건강을 생각
하는 독자들에게 그동안의 불편함이 어느 정도 해
소되기를 바라며 모두가 쉽게 산에 오르고 산을
통해 심신의 건강을 향상시키는데 도움이 되기를
바란다.

2005년 7월

平山 孫致錫

차 례

지도순 / 산이름 / 높이

일러두기

1. 지도는 국립지리원 발행 25000분의 1과 50000분의 1 지도를 기본도로 현지 답사를 통해 수정·보완했으며 능선, 계류, 도로, 등산로를 중심으로 개념도를 작성했다.
2. 도면은 B5크기로 넓혀 목적하는 산과 주변의 산을 쉽게 찾을 수 있으며 찾아가는데 편리하게 했다.
3. 도로는 색깔로 구분했다.
4. 등산의 기점(들머리)과 종점을 상세하게 표시했다.
5. 지도에 표시한 구간별 소요시간은 등·하산 시간의 평균을 30~50대를 기준으로 했다. 단 휴식시간은 제외했다.
6. 교통, 유적, 명소, 숙식은 자체조사한 것과 지방자치단체의 홍보물, 인터넷 등을 참고한 것이다.
7. 그 외 불비(不備)한 점들은 등산애호가들의 제보와 확인 등산을 통하여 지속적으로 수정·보완해 나갈 것을 약속한다.
8. 각 지도는 앞뒤 장으로 배치했기 때문에 산 안내–지도–산 안내 순으로 배열했다.
9. 지도에 표시된 기호들은 다음과 같다.

기호

기호	설명
·◇·◇·◇·◇·	도, 특별시, 광역시
———	군, 구계
———	면, 동계
━━━	도로
═══	임도
⋊——⋉	교량
—■—	철도(역)
===	철도교량
———	등산로
·········	미답사 등산로
▲	목표산
△	표고점

삼각측량기점

지시점

구간 표시점

계류

보(洑)

샘, 약수터

폭포

온천

사찰(절)

유인산장

무인산장

버스정류장

버스종점

주차장

휴양림(수목원, 놀이동산)

골프장

매표소

교회

학교

성벽

성문

공장

스키장

목장

광산

채석장

능

묘

공원묘지

암봉, 암능

기념비

북한산

836.5m 서울시 강북구/경기도 고양시

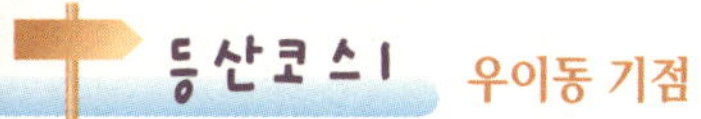

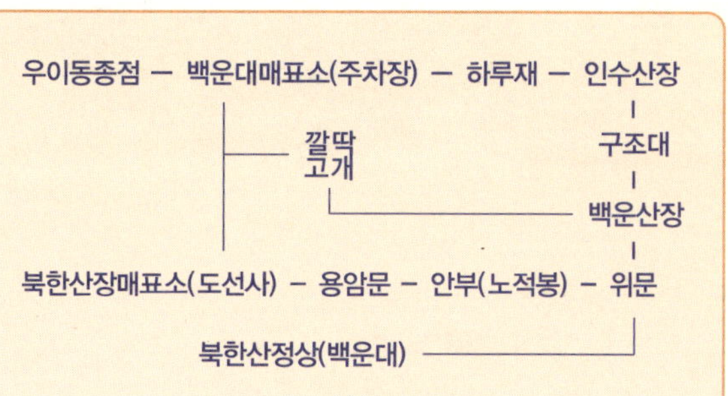

우이동종점 — 백운대매표소(주차장) — 하루재 — 인수산장
           │   깔딱   구조대
           │   고개   │
           │   백운산장
북한산장매표소(도선사) — 용암문 — 안부(노적봉) — 위문
           북한산정상(백운대) ─────────────────────┘

    광주산맥이 국망봉, 강씨봉을 지나 890봉에서 귀목봉과 청계산으로 갈라진다. 청계산에서 운악산에 이르러 다시 주금산과 수원산으로 갈라지고, 수원산은 국사봉, 죽엽산에 이르러 광릉수목원을 이뤘다. 그리고 용암산에서는 다시 수리봉과 축석령을 지나 천보산, 칠봉산과 불국산을 거쳐 사패산, 도봉산의 결승(結繩)을 이뤘고 우이령을 넘어 삼각산(북한산)의 절경을 이루고 그 여세는 인왕산과 안산을 이뤘다.

    백운대, 인수봉, 만경대(국망봉) 3봉은 삼각으로 이루어져 삼각산이란 별명이 있다. 백운대는 이성계(李成桂)의 잠구시에 "백운(白雲) 가운데 암자 하나 높이도 자리 잡고 있네"에서 백운대(白雲臺)가 유래되었다. 국망봉(國望峰)은 이성계가 무학대사와 함께 이 봉에 올라 도읍터를 바라보았다 하여 지은 이름이고, 인수봉(人壽峰)은 "인자요산 인자수(仁者樂山 仁者壽)"에서 유래되었다.

국망봉(만경대) 백운대에서

사기막 계곡

인수봉(인수산장에서)

북한산은 북한산성에서 유래되었으며 북한산성은 둘레가 12.7㎞, 14개의 성문으로 이뤄진 백제 초기의 성이다.

북한산의 많은 코스 중에 대표적인 코스는 우이동, 수유동, 정릉, 국민대, 평창동, 구기동, 진관내동, 북한동, 효자동 코스라 할 수 있다. 북한산은 암릉과 암봉이 많아 아기자기한 맛도 있으나 강설, 결빙, 폭우시에는 주의할 곳도 많다.

우이동 코스는 도선사로 올라가 주차장이 있는 백운대매표소에서 계곡을 오르면 하루재에 이른다.

이 하루재에서 계곡으로 내려가면 인수산장에 이르고 다시 왼쪽으로 오르면 구조대와 오른쪽에 수덕암이 있다. 여기서 좀 더 지나면 암벽계단을 오르게 되고 백운산장에 이른다.

백운대매표소에서 깔딱고개를 넘어 백운산장에 오르기도 한다.

백운산장에서 다시 급경사를 오르면 만경대와 백운대를 연결한 성벽 위문(衛門)에 이른다. 다시 성벽 옆으로 계단(설치물)과 철책 암벽을 지나 약간 넓은 암반에서 마지막 암봉을 오르면 국기가 게양된 봉이 백운대 북한산 정상이다.
　이곳에서의 조망은 참으로 좋다. 구기동, 평창동, 진관동 등 서남쪽 계곡을 제외한 모든 계곡을 내려다 볼 수 있고 능선을 따라 펼쳐지는 많은 봉들의 파노라마를 볼 수 있다.
　하산은 다시 위문으로 내려와 서쪽으로 조금 더 내려가다가 만경대를 왼쪽에 끼고 비스듬히 오르내리면 노적봉갈림길 안부가 나온다. 여기서 계곡을 오른쪽으로 하고 내려가다가 다시 왼쪽 능선으로 가면 용암문(龍岩門)에 이른다 (용암문에서 주릉을 따라가면 북한산장에 이른다). 용암문을 통과해서 계곡을 내려오면 도선사 북한산장매표소다. 여기서 차도를 따라 사천왕문을 지나면 주차장에 이르고 다시 차도를 따라 내려가면 우이동 버스 종점이다.

 **등산코스 2**　수유동 기점

```
수유동버스종점 ― 백년사매표소 ― 진달래능선 ― 대동문
                                              │
                                           북한산장
                                              │
우이동버스종점                                용암문
      │                                       │
백운대매표소 ― 하루재 ― 인수산장 ― 백운산장 ― 위문
           북한산정상 ――――――――――――――――┘
            (백운대)
```

북한산 남릉(백운대에서)

수유동 종점에서 아카데미하우스 쪽으로 오르다가 오른쪽 백년사매표소를 지나 백년사에 오를 수 있다. 그리고 다시 진달래능선에 이르러 왼쪽 능선으로 오르면 주릉 대동문에 이른다.

여기서 북릉을 따라가면 북한산산장에 이르고 다시 용암문에서 용암봉과 만경대(국망봉)를 오른쪽에 두고 오르다가 노적봉갈림길 안부에서 다시 오른쪽으로 돌아내리면 북한산계곡에서 오르는 길과 만나 위문에 이른다.

그리고 위문 성벽 옆을 따라 북한산정상인 백운대에 오른다.

하산은 백운산장과 인수산장, 하루재, 백운대매표소, 주차장에서 차도를 따라 우이동 종점에 이른다.

백운산장

등산코스3 정릉 기점

정릉버스종점 - 정릉매표소 - 갈림길 - 내원사 - 칼바위능선
삼봉사 - 보현봉 - 대성문 - 보국문 - 580봉
형제봉매표소 ——— 형제봉 - 형제봉동능선 - 국민대정류장

정릉 버스 종점에서 정릉4동파출소와 정릉매표소를 지나 갈림길에서 오른쪽 계곡으로 오르면 내원사와 칼바위능선을 거쳐 580봉에 이르고 왼쪽(남)으로 내려가면 보국문이다.

여기서 다시 대성문과 대남문, 보현봉을 거쳐 형제봉능

선으로 들어서면 왼쪽 영추사, 삼봉사를 거쳐 정릉매표소에 이르고, 형제봉능선에서 형제봉 쪽으로 내려가다가 형제봉에서 왼쪽(형제봉 동능선)으로 내려가면 야영장을 거쳐 국민대버스정류장에 이른다. 그리고 형제봉에서 곧바로 내려가면 북악터널 왼쪽 형제봉매표소가 나온다.

등산코스4 구기동 기점

구기버스종점 ─ 비봉매표소 ─ 금선사 ─ 비봉(진흥왕순수비)
                                          │
                                       승가봉
                                          │
구기매표소 ─ 갈림길 ─ 대남문 ── 문수봉(청수동암문)

구기 버스 종점에서 왼쪽 계곡길을 오르면 비봉매표소가 나온다.

여기서 금선사를 거쳐 비봉 앞 진흥왕순수비를 지나 주릉에 오르면 북쪽 의상봉능선의 연봉과 멀리 백운대, 만경대 등이 아스라이 보인다. 그리고 계속 능선을 따라 오르면 승가사갈림길을 지나 승가봉을 거쳐 문수봉을 왼쪽으로 돌아 청수동암문에 이르고 다시 오른쪽으로 가면 대남문에 이른다. 그리고 남쪽 계곡으로 내려가다 승가사갈림길에서 계속 계류를 따라 내려가면 구기매표소를 거쳐 구기 버스 종점이다.

등산코스5 진관사 기점

버스종점 ─ 진관사 ─ 향로봉 ─ 비봉 ─ 승가봉 ─ 문수봉
                                            (청수동암문)
                                               │
정류장 ─ 산성매표소 ─ 의상봉 ─ 부왕동암문 ─ 나한봉

지선 7724번 버스 종점에서 일주문과 진관사를 지나 진관사계곡 계류를 따라 오르면 475봉과 향로봉 중간의 지릉에 오르고 다시 동쪽 능선을 오르면 비봉에 이른다. 비봉에서 승가봉, 문수봉(청수동암문)과 의상봉 능선의 나한봉, 나월봉을 지나고 부왕동암문과 의상봉을 거쳐 서대문과 산성매표소를 지나면 정류장이다.

북한산성입구 – 산성매표소 – 의상봉 – 가사당암문 – 부왕동암문
　　　┌─ 북한산장 – 대동문 – 보국문 – 대남문 – 문수봉
　　　└─ 용암문 – 갈림길(노적봉) – 위문 – 백운대정상
효자원 – 서암문매표소 – 원효봉 – 북문 – 대동사 – 위문

북한산성 계곡(백운대에서)

　북한산성 일주코스라 할 수 있다. 원효봉능선은 의상봉, 용출봉, 증취봉, 나월봉, 나한봉, 문수봉으로 연결되고 서대문에서 가사당암문, 부왕동암문, 청수동암문을 지나 대남문에 이르고 대성문, 보국문, 대동문, 동장대지, 북한산장, 용암문을 거쳐 위문밖(동쪽)으로 오르면 백운대 정상이다.

　하산은 염초봉을 거쳐 북문으로 갈 수도 있으나 유능한 리더가 필요하다. 그래서 일반적으로 안전한 위문 서쪽 북한산계곡을 내려 가다가 대동사로, 여기서 원효봉능선 북문을 거쳐 성벽을 따라 내려와 서암문매표소를 지나 북한산성 입구정류장에 이른다.

용암문

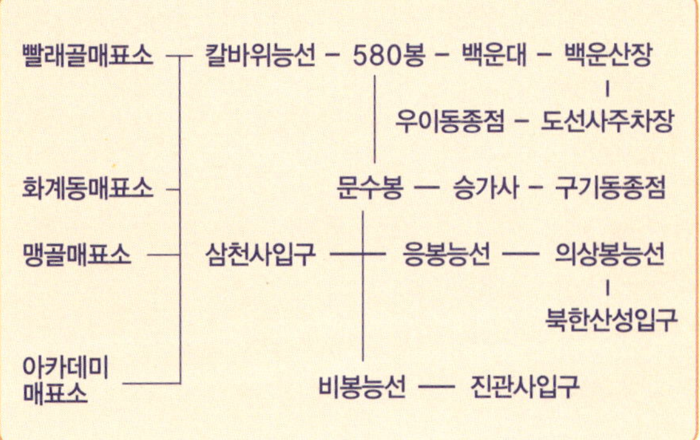

기타 코스는 들머리를 빨래골, 화계동, 맹골, 아카데미 하우스에서 칼바위능선과 주릉을 거쳐갈 수 있는 여러 코스가 있지만 그 중 대표적인 코스를 기록한 것이므로 참고해볼만 하다.

 **교통**

대중교통

- **우이동** : 지선 ― 1121, 1217, 1218(답십리), 1219번 버스
  간선 ― 101, 109, 130, 144, 151, 170번 버스
- **수유역(4호선), 강북구청**
  : 지선 ― 강북01, 강북02, 강북03, 강북09, 강북11, 도봉02, 도봉03, 도봉04, 1018, 1119, 1121, 1125(경동시장), 1127, 1128(노원교), 1138, 1148, 1151, 1217, 1218(답십리), 1219번 버스
  간선 ― 100, 101, 106, 107, 130, 140, 141, 142, 150, 160번 버스
  광역 ― 9101번 버스
- **수유동(4·19국립묘지)** : 지선 ― 강북01, 1119번 버스
  간선 ― 104번 버스
- **정릉(정릉4파출소)** : 지선 ― 성북06, 1014, 1114번 버스
- **구기동** : 지선 ― 종로13, 0212, 7022, 7211번 버스
- **불광역(3·6호선)**
  : 지선 ― 은평02, 은평04, 7023, 7211, 7720, 7731, 7733, 7734, 7735번 버스

간선 - 471, 701, 703, 704, 706, 707, 720번 버스
공항 602-2번 버스

- **경복궁역(3호선)** : 지선 - 종로09, 종로10, 0212, 1020, 1711, 7018, 7022번 버스
- **평창동(평창1매표소 · 형제봉매표소)** : 지선 - 종로06번 버스
- **국민대** : 지선 - 1011, 1020, 1112, 1711, 7211, 1213번 버스

  간선 - 110, 170, 171번 버스
- **진관동** : 구파발역(3호선)에서 지선 7724번 버스
- **북한산성입구**

  : 구파발역(3호선)에서 지선 7023번 버스

  서울역, 불광역, 구파발역에서 간선 704번 버스

▌승용차

- **우이동** : 우이동길
- **수유동** : 백운봉길
- **정릉** : 보국민길
- **국민대** : 정릉길(북악터널)
- **평창동** : 정릉길(북악터널)
- **구기동** : 구기터널 우측
- **진관동** : 진관사길
- **북한산성** : 북한산길 기타 서울시 교통지도 참고

 유적명소 및 숙식

▌유적명소

유적

- **북한산성, 진관사, 도선사**
- **태고사**에 보물 제749호 보우국사사리탑 보물 원중 국사 탑비 외 1종

명소

- **4 · 19묘지, 정릉유원지, 서울드림랜드, 우이동유원지**

▌숙식

- 시내 다수 산재

도봉산파출소 : 02-954-0112
산악구조대 : 02-954-5600
도봉산장 : 02-954-5209
보문산장 : 02-954-9241
서울외곽선
39
동신동
쌍용아파트
사패서능선
사패
원각매표소
원각사
20
40
옥수뜰
원각사계곡
송추유원지
송 추 북 능 선
회룡
송추매표소
70
송
추
계
곡
양 주 시
교현리
송
추
남
능
선
장흥면
495
여성봉
도
660
오봉
676
10
출 입 금 지 구 역
2
25
534
542
상장봉
상 장 능 선
우이암
고양시
552
우이령
원통
조
우
인수봉
백운대
위문
도선사
만장대
노적봉
용암문
4.19묘지
N
1 : 50,000
0　　　1Km
서울·城東
가

정부시
사패터널
의정부시청
안골매표소
안골계곡
범골능선
백인굴
60
20
15
호압사
350
10
석천사
10
385
20
10
13
10
석굴암
401
15
15
회룡사
12
7
회룡샘
회룡폭포
송이바위
10
9
5
회룡바위
20
회룡골
회룡능선
505
7
사패능선
사패터
30
거북바위
60
236
649
원효사
20
원도봉매표소
포대능선
40
망월사
15
원도봉계곡
쌍용사
50
원능선
다락
봉산
20
30
739.5
자운봉
20
만장봉
선인봉
25
마당바위
구조대
45
95
25
30
35
거북골
용천골
천축사
도봉산장
40
45
20
30
20
도봉서원
도봉산계곡
만장사
파출소
도봉산매표소
보문능선
보문산장
도봉동
25
무수골
도봉초교
쉼터
70
자현암
난향원
무수골매표소
45
우이남부능선
송전탑
도 봉 구
우이암매표소
기동
쌍문동
신도아파트
한신아파트
외미마을
미도아파트
회룡역
회룡교
15
회룡사입구
8
호원동
서부외곽순환도로
장수원
망월사역
지하철차량기지
10
장암역
하촌
도봉산역
7호선
도봉역
마을버스
국철1호선
지하철4호선
창동역
창동

도봉산

739.5m

등산코스1

우이동버스종점 — 우이암매표소 — 원통사 — 우이암 — 716봉 — 자운봉(정상) — 주봉 — 오봉갈림길 — 만장사 — 도봉산매표소 — 주차장 — 도봉산역

도봉산의 3봉, 선인봉(좌) 만장봉(중) 자운봉(우)

　도봉산역에서 자운봉 정상에 이르는 코스는 알려지지 않은 코스를 포함하면 참으로 많다. 여기에서는 그 중 대표적이고 들머리가 다른 코스를 소개하고 다른 코스는 각자 체력과 능력에 따라 선택하는 것이 좋다.

　북한산이 점잖고 여성적이라면 도봉산은 남성적이고 능선은 날카로워 초보자는 경험있는 사람과 동행하는 것이 좋다. 그리고 체력도 많이 소모되지만 반면에 등산의 묘미를 만끽하며 자연의 미를 감상할 수 있다.

　이 코스는 우이동 버스 종점에서 우이령 쪽으로 조금 오르다가 오른쪽 우이매표소를 지나 송전탑을 거치면 우이남능선에 이른다. 그리고 원통사를 거쳐 우이암에서 다시 542봉을 지나면 도봉주능선에 오르게 된다(원통사에서 보문산장을 거쳐 도봉주능선으로 오를 수도 있다). 그리고 북주릉을 따라 가면 왼쪽 오봉 쪽으로 가는 갈림길을 지나 695봉을 왼쪽으로 돌면 (암벽 경험이 있는 사람은 695봉을 넘는다) 오봉으로 뻗은 능선 갈림길에 이르고 여기서 다시 가면 주봉 앞에서 갈라져 왼쪽과 오른쪽으로 갈 수 있다. 두 길은 모두 자운봉 남쪽 안부에서 만나 자운봉으로 가게 된다. 자운봉에 오르면 남쪽으로 암봉 두 개가 있는데 앞의 봉이 만장봉, 뒷봉이 선인봉으로 천축사 쪽이나 다락능선 에서 보면 그 장엄하고 아름다운 암봉에 감탄하게 된다.

하산은 포대능선 716봉에서 동쪽 다락능선의 철책과 로 프가 있는 급경사 암릉을 내려와 왼쪽으로 내려오면 만장 사 앞에 이르고 매표소를 지나 버스 종점(지선 1127, 1128 번, 간선 141, 142번)이나 도봉산역으로 가면 된다.

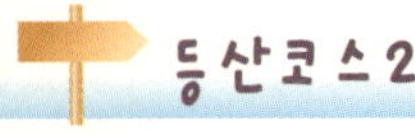

등산코스 2

도봉산역 —— 도봉산매표소 —— 만장사 —— 도봉서원
 |
716봉 —— 자운봉(정상) —— 마당바위 —— 천축사

649봉전안부 — 망월사 — 원도봉매표소 — 망월사역

도봉산역(버스종점)에서 매표소를 지나 만장사 앞 갈림 길에서 왼쪽 길을 넘고 오른쪽 지류를 지나 (오른쪽 계류길 은 녹야원길이다)면 도봉서원이다. 이곳에서 오른쪽 계곡 길을 오르면 도봉산장에 이른다. 그리고 천축사를 지나 마 당바위를 거치면 만장봉과 선인봉을 오른쪽에 두고 주릉에 오르게 된다. 주릉에는 작은 산장이 있는데 그 북쪽을 오르 면 자운봉 정상이다. 정상에서 암릉을 내려갔다가 다시 오 르면 갈림봉인 716봉에 이른다. 다시 여기 급경사에서 로 프를 잡고 내려가면 이정표가 있고 조금 더 가면 광장이 나 타난다. 그리고 657, 675봉을 넘어 645봉 전 안부에서 오른쪽(동)으로 내려오면 망월사에 이른다. 여기서 다시 내려오면 덕재샘을 지나서 주차장과 망월사매표소를 거쳐 갈림길에서 왼쪽으로 내려가면 망월사역에 이르고, 버스 정류장은 대로변에 있다.

등산코스 3

도봉역 —— 난향원 —— 무수골매표소 —— 도봉주릉

649봉 — 716봉 — 자운봉(정상) — 오봉갈림길

회룡능선갈림길 —— 회룡사 —— 매표소 —— 회룡역

도봉역에서 무수골로 들어가면 성신여대생활관인 난향
원이 있다. 그리고 무수골매표소를 지나 자현암으로 가서
계곡을 계속 오르면 보문능선에 오른다. 여기서 542봉 북
쪽 주릉인 도봉주능선에 올라 북으로 가면 오봉갈림길을
지나 정상인 자운봉에 이른다. 그리고 포대능선의 716,
655, 645봉을 지나 649봉에서 회룡골재 안부로 급경사
를 내려가면 네 갈래 길이다. 서쪽은 송추유원지, 북쪽은
회룡바위와 사패산에 이른다. 여기서 오른쪽(동)으로 계단
을 내려가면 철계단이 시작되는데 약 100m에 이른다. 이
곳은 98년 폭우시 유실돼 자연미를 잃은 아쉬움과 복원이
너무 인공적인 감이 아쉽다. 그리고 두 개의 목교를 지나면
회룡사 앞에 이르고 여기서부터 차도로 왼쪽에 회룡폭포와
석굴암갈림길의 회룡샘(수도같다)과 다리를 지나면 서부
외곽순환도로 다리인 회룡교와 매표소가 나온다. 이어 관
리사무소를 지나면 아파트 옆 새마을버스 주차장에 이르고
다시 회룡역으로 가면 된다.

사패산

552m

경기도 의정부시
/양주시 장흥면

등산코스1

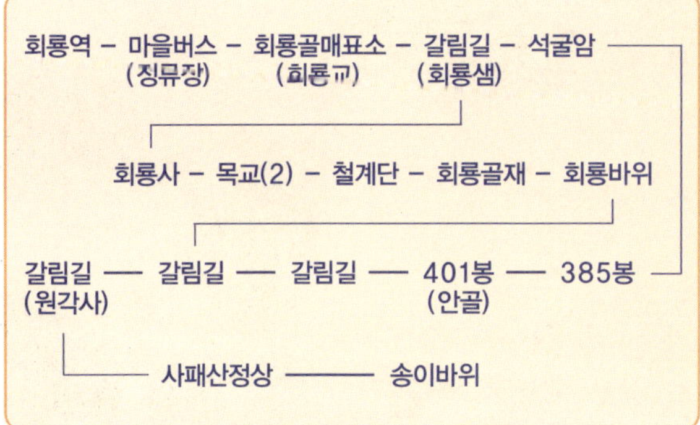

회룡역 서쪽 공터로 나오면 잡상들이 있고 여기를 나와
북쪽 주차장에서 왼쪽 골목으로 나가거나 한신아파트 옆길
로 나가면 차도다. 여기서 왼쪽 길(남)로 100m쯤 더 가면
회룡사입구란 간판이 있고 조금 더 오른쪽 회룡골 방향 차

도를 따라 가면 아파트가 있다. 그 끝쪽에 마을버스(의정부역-회룡사-망월사역 2번)정류장이 있다. 그리고 작은 다리를 건너 계류를 따라가면 오른쪽에 관리사무소가 있고 서쪽으로 서부외곽순환도로의 다리가 가로놓여 있으며, 그 밑으로 매표소와 회룡교가 있다.

이 회룡교를 지나면 우측에 음식점이 있고 다시 계류다리를 건너면 회룡사와 석굴암갈림길에 이른다. 여기 회룡사 쪽에 회룡샘이 있다. 이곳에서 시멘트 포장길 우측 계곡을 오르면 지릉 안부인데 세 바위 틈으로 석굴암을 들어가면 오른쪽, 다시 세 바위에 굴암이 있다. 왼쪽 바위에는 김구(金九)선생의 함자가 새겨져 있고 위에는 석굴암(石窟庵)이란 글이 새겨져 있다(문은 돌문이다). 여기서 등산로는 밖으로 나와 왼쪽 지릉으로 오르면 되고 385봉과 401봉 사이의 갈림길(호암사)에서 서쪽으로 401암봉을 오르면 송이바위와 사패산이 막힘 없이 보인다.

그리고 암봉의 오른쪽 난간을 잡고 넘으면 쉽게 사패산과 포대능선입구갈림길 이정표에 이른다. 여기서 오른쪽(북)으로 내려가면 원각사갈림길에 이르고 조금 더 오르면 사패산 정상이다. 정상에는 공원관리화재감시초소가 있고 넓은 암반으로 이뤄져 있으며 남쪽 도봉산 주릉과 멀리 백운대, 인수봉, 만장봉 등을 조망할 수 있다.

하산은 회룡바위(바위 밑이 환히 보인다)에서 505봉을 내려오면 회룡골재다.

이하는 도봉산③코스와 같다.

석굴암(김구선생이 머물던 곳, 후에 金九라고 새긴 문이 돌로 되어 있다)

> 원각사입구정류장 – 원각매표소 – 원각사 – 주릉갈림길
> 회룡골재 – 회룡바위 – 주릉갈림길 – 사패산정상
> 송추매표소 – 송추유원지 – 버스정류장 – 송추역

의정부터미널에서 23,134,136,137번 버스를 타고 원각사 입구에서 내려 마을길로 계류를 따라 오르면 원각매표소에 이르고 다시 원각사를 거쳐 주릉 갈림길에서 북쪽을 오르면 곧 사패산 정상에 이른다.

하산은 석굴암, 호암사갈림길에서 주릉을 따라 남쪽으로 오면서 툭 튀어나온 회룡바위를 둘러보고 505봉을 내려오면 회룡골재다. 여기서 오른쪽 계단을 내려오면 송추매표소에 이르고 송추유원지를 지나 버스정류장과 송추역으로 갈 수 있다.

교통

대중교통

- **도봉산입구**
  : 지선 – 1127(노원교), 1128(노원교)번 버스
  간선 – 141, 142번 버스
- **우이동**
  : 지선 – 1121, 1217, 1218(답십리), 1219번 버스
  간선 – 101, 109, 130, 144, 151, 170번 버스
- **도봉역** : 경원선 도봉역
  지선 – 도봉09, 1018, 1127(노원교), 1148, 1151번 버스
  간선 – 100, 106, 107, 140, 141, 142, 150, 160, 161번 버스
  광역 – 9101번 버스
- **도봉산역** : 경원선 도봉역 지하철 7호선
  버스는 도봉역과 같다.
- **망월사역** : 지선 – 1018, 1151번 버스
  간선 – 106번 버스
- **회룡역** : 지선 – 1018, 1151번 버스
  간선 – 106번 버스
  광역 – 9101번 버스

- **무수골** : 무수골매표소는 지선 도봉08번(무수골 – 창
  동역) 버스로 무수골로 가는 버스 이용
- **안골** : 경원선 의정부역에서 안골(범골)로 가면 된다.
- **원각사** : 지선 – 7023번(서울역 – 송추) 버스
  간선 – 704번(서울역 – 송추), 134, 136번
  (불광동 – 의정부간 시외버스), 23번(의정부
  – 송추간 시내버스), 137번(인천 – 의정부
  간 시외버스) 버스
  공항버스(인천국제공항 – 의정부)
- **송추** : 서울외곽선 철도 송추역
  버스는 원각사와 같다.

▎승용차

- 서울 및 외곽 교통지도 참고

유적명소 및 숙식

▎유적명소

유적
별무

명소
- **송추유원지** : 송추에 있는 국민휴양지
- **망월사** : 신라 선덕여왕 8년 해호국사 창건
- **회룡사** : 이태조의 전설을 간직한 절, 6 · 25소실 재축
- **석굴암** : 김구선생이 독립운동을 하기 위하여 중국으
  로 떠나기 전 한때 머물렀던 곳. 절 입구와
  암자 바위가 이채롭다.
- **천축사** : 신라 문무왕 14년 의상대사에 의해 창건

▎숙식　　모든 들머리 주변에서 가능

식사
- 망월사역
- 오작교(031-846-4971) : 그랜드호텔 앞
- 육교식당(031-877-5948) : 의정부역 맞은편

숙박
- 망월사역 근처 : 각 역 주변
- 옥타브파크(031-878-0321) : 의정부역 주변
- 라스베가스(031-829-3208~9) : 의정부역 주변
- 힐튼파크(031-829-4322~5) : 의정부역 주변

등산코스

수락산역 — 덕성여대생활관 — 큰바위샘 — 깔딱고개
금류폭포 - 내원암 - 수락산장 - 수락산정상 - 철모바위
은류폭포 - 매표소 - 옥류폭포 - 마당바위 - 월촌정류장

입석대

    수락산은 한북정맥이 운악산을 거쳐 수원산, 국사봉에서 큰넓고개를 지나 죽엽산, 광릉수목원을 지나 용암산에서 숫돌고개를 거쳐 솟구쳐 오르고 다시 덕능고개를 거쳐 불암산을 이뤘다. 수락산은 불암산과 더불어 화강암으로 이뤄져 있고 기기묘묘한 바위들과 수락팔경을 품고 있다.

수락팔경(水落八景)

1. 청학동 옥류폭 (靑鶴洞 玉流暴)
2. 백운동 은류폭 (白雲洞 銀流暴)
3. 자운동 금류폭 (紫雲洞 金流暴)
4. 선인봉 영락대 (仙人峰 永樂臺)
5. 미륵봉 백운 (彌勒峰 白雲)
6. 향로봉 청풍 (香爐峰 淸風)
7. 칠성대 기암 (七星대 奇巖)
8. 불노정 약수 (不老井 藥水)

수락산은 들머리도 많다. 수락유원지, 덕성여대생활관, 하촌에 석림사, 상촌에 쌍림사, 덕능고개, 덕능마을, 월촌정류장, 노원골관리초소 등이다.

이 코스는 동과 서를 연결하는 횡단코스로서 깔딱고개에서 주릉으로 뻗는 지릉에 전망대, 수리바위, 안고바위, 딱정벌레가 교미하는 듯한 입석대(침니)와 주릉에 철모바위 등 암릉과 철책, 로프를 잡고 오르는 묘미가 있다. 철모바위에서 북릉으로 가면 암봉이 정상인데 이 바위 틈을 오르면 오른쪽 바위 앞에 정상 표석이 있다.

정상엔 전망이 좋고 서쪽 도봉산, 사패산, 남서쪽 북한산, 남쪽에 불암산 등이 조망된다.

하산은 북쪽 주릉에서 우측으로 내려가면 수락산장에 이르고 내원암과 금류, 은류, 옥류폭포를 거쳐 수락유원지, 월촌정류장에 이른다.

등 산 코 스 2

장암역 — 하촌 — 노강서원 — 석림사 — 홈통바위 ┐
[389봉 – 상어바위 – 도솔봉 – 철모바위 – 수락산정상 ┘
└ 278봉 — 주공아파트 — 마을버스정류장 — 마들역

수락산 종주에 가까운 긴 코스다. 좀 멀기는 하지만 석림사 입구 하촌까지는 7호선 장암 종점에서 하차하거나 노원역에서 버스로 하촌에서 하차한다. 여기서 석림사를 지나 갈림길에서 왼쪽 길을 택해 오르면 홈통바위 전 주릉에 오르게 된다. 그리고 오른쪽 정상을 향해 오르면 홈통바위와 608봉을 지나 정상에 이른다.

정상에서 하산은 철모바위와 도솔봉, 상어바위를 지나 용굴암갈림길과 광덕사갈림길을 지나 278봉에 이르면 내려온 능선과 주릉을 따라 펼쳐진 수락산의 파노라마를 볼 수 있다. 여기서 조금 더 가면 체육장이 있고 갈림길이다. 이 갈림길에서 오른쪽 계단길로 내려가면 시멘트 포장길에 이르고 곧장 내려가면 차도 전 계단이다. 차도를 건너면 상가 앞에 마을버스정류장이 있고 주공아파트를 오른쪽으로 돌아 큰길따라 나가면 마들역이다.

석림사 위 사거리에서 오른쪽 계곡은 깔딱고개에 이르고, 가운데 능선은 609봉에 이르고, 왼쪽 계곡은 주릉 안부에 이른다.

버스종점(상계동) — 동막체육공원 — 송암사 — 도안사 — 홈통바위 – 608봉 – 수락산정상 – 철모바위 – 도솔봉 – 524봉 — 509봉 — 쌍암사 — 상촌 — 장암역 또는 버스정류장

　지하철 4호선 종점인 당고개역이나 235번 버스종점에서 덕능고개쪽으로 가다가 왼쪽 초소에 이르고, 여기서 계류를 따라 갈림길을 지나면 동막골관리사무소다. 여기서 왼쪽으로 오르면 송암사와 도안사가 나오고 다시 능선을 따라 오르면 도솔봉에 이르게 된다. 그리고 도솔봉에서 북쪽 주릉을 돌아오르면 왼쪽 절터샘갈림길이며 이를 지나 계속 오르면 철모바위갈림길에 이른다. 여기서 계속가면 정상 암봉에 다다른다.

　정상에서 북쪽 주릉을 따라 내려가면 608봉을 지나게 되고 더 가면 홈통바위가 나온다. 이곳 갈림길에서 주릉을 따라가면 524, 529봉이다. 그리고 왼쪽 계곡으로 더 내려가면 계류를 따라 쌍암사가 나오고 다시 상촌마을 앞 동부외곽순환도로를 따라가면 장암전철역(7호선) 종점과 버스정류장에 이른다.

불암산

508m

서울시 도봉구
/경기도 남양주시 별내면

불암동종점 – 불암유스호스텔 – 불암사 – 불암산장 – 안부 (갈림길)
｜
당고개역 – 현대아파트 – 불암약수터 – 천보사 – 불암산정상

　불암산은 수락산 남쪽에 위치하며 고찰인 불암사를 동쪽에 품고 있다. 들머리는 동쪽과 서쪽 상계동, 중계동, 덕능고개가 된다.

이 코스는 불암동 버스 종점 삼거리에서 계류를 끼고 걸으면서 계류 갈림길 오른쪽 작은 다리를 건너 계속 오르다가 다시 다리를 건너서 왼쪽 계류를 따라가면 유스호스텔 앞을 지나 매표소와 일주문을 거쳐 불암사에 이른다. 불암사에서 오른쪽 화장실 옆으로 가서 다시 왼쪽으로 오르면 불암산장에 이르고 다시 안부 갈림길(이정표)에서 북릉을 따라 오르다 암릉 왼쪽에서 비스듬히 정상을 왼쪽으로 돌아 북릉과 만나는 지점에서 우측으로 오르면 정상이다. 정상은 작은 암봉으로 5~6명이 앉을 정도이며 동남쪽은 암벽으로 이뤄져 위험하다.

하산은 올라온 코스를 반대로 내려오다 왼쪽 계곡으로 내려가던가 아니면 북릉을 내려가다가 봉갈림길에서 서쪽 지릉 345봉을 거쳐 왼쪽 계곡으로 내려가면 천보사에 이른다. 그리고 경수암 앞을 지나 현대아파트를 거쳐 당고개역으로 가면 된다.

등산코스2

당고개역 – 덕능고개 – 406봉 – 갈림길 – 불암상정상
상계역 – 관리사무소 – 재현중교 – 정암사 – 갈림길

당고개역이나 동막골입구에서 덕능고개를 올라 오른쪽 (남)능선을 오르면 오른쪽 상계동 쪽과 덕능고개 동쪽이 내려다보인다. 그리고 여기서부터 406봉 등 크고 작은 4개의 봉을 넘으면 불암산 정상에 오르게 된다.

하산은 북릉을 조금 내려와 왼쪽 정상을 끼고 비스듬히 내려오면 남쪽 암릉 끝부분에서 만나게 된다.

이곳엔 간단한 음료를 파는 사람이 있다. 그리고 정상 남쪽 암릉은 안전시설이 없으므로 암벽등반의 경험이 없거나 장비가 없이는 위험하다.

불암사 석불

흥국사

　그리고 여기에서 조금 더 내려오면 십자 갈림길인데 이 정표가 있고 오른쪽 계곡으로 내려가면 정암사에 이른다. 그리고 재현중교와 불암산 관리사무소 앞을 지나 버스정류장과 상계역으로 갈 수 있다.

 교통

▌대중교통

- **불암동**
  : 석계역에서 지선 1155번, 화랑대역에서 1225번 버스를 타고 불암동 종점(108번)에서 하차한다.
- **수락산유원지**
  : 지하철 7호선 이용시 장암역 또는 수락산역에서 내리고, 상봉시외버스터미널에서는 망월사행 또는 장수원행을 타면 된다. 의정부 시내에서는 1-1, 25, 45-1, 45-2번 버스를 이용하여 수락산유원지(월촌)에서 하차하거나 의정부에서 11번 버스를 타고 장암동 동막골에서 내린다. 서울시 노원구 롯데백화점 앞에서는 410-1, 20-3번 버스를 승차하여 수락산 입구에서 내린다. 석계역에서는 32번, 45-1번 버스를 타고 수락산유원지 입구인 남양주시 청학리로 가면 된다. 의정부역에서는 1번 시내버스를 이용하여 수락산 유원지 입구에서 내린다.
- **백운동계곡(덕성여대생활관)**
  : 지하철 7호선 수락산역에서 이용
- **노원골관리초소** : 지하철 7호선 수락산역에서 이용
- **하촌(석림사)**
  : 지하철 7호선 장암역 종점에서 이용, 노원역에서 지선 1152, 1153, 1154번(노원역-장암동) 버스 이용

29

- **상촌(쌍암사)**
  : 지하철 7호선 장암역 종점에서 이용, 노원역에서 지선 1152, 1153, 1154번(노원역-장암동) 버스 이용
- **동막입구**
  : 중계 · 상계 · 당고개역에서 지선 노원06번 버스를 이용하거나, 노원 · 상계 · 당고개역에서 지선 노원07번 버스를 이용하여 동막 종점에서 내린다.
- **덕능고개** : 동막입구와 같으며 걸어오른다
- **덕능흥국사**
  : 동막입구와 같은 교통편을 이용하거나, 지하철 4호선 상계역에서 내려 흥국사행 버스 이용(상계동-중계동-당고개-덕능고개-흥국사)

▌승용차

- 서울교통도 참고

 ## 유적명소 및 숙식

▌유적명소

유적
- **석씨원류융화사적책판(보물 제591호)**
  : 남양주시 별내면 화점리 797 불암사
- **불암사 경판(도지정 유형문화재 제53호)** : 불암사
- **덕흥대원군묘(도기념물 제55호)**
  : 남양주시 별내면 덕송 산 5-13
- **흥국사 대웅보전(도문화재자료 제56호)**
  : 남양주시 별내면 덕송 산 331 흥국사
- **덕흥마을 산신각(도민속자료 제9호)**
  : 남양주시 별내면 덕송 산 5-126

명소
- **수락산유원지**
- **백운동계곡**
- **석천계곡**
- **큰골계곡**
- **수락팔경** : 단 확인 안 되는 곳이 있음

▌숙식

- 수락산유원지 백운동계곡 입구 석천계곡 큰골계곡
- 불암동 당고개역 근처 다수

N
1:25,000
0 500M
德召·城東
47
46
봉화중교
면북초교
용마자연공원
망우동
중랑구
망우리공동묘지
검문소
망우공원관리사무소
교문동
구리소방소
퇴계원
이문안
삼육중교
능굴
도리미
지하철 7호선
면목역
서울특별시
경기도
광덕사
대원사
구리시
서일공전
25
면목고교
면목중교
면목초교
20
면목동
사가정역
용마한신아파트
동아아파트
20
면목지구약수터
용1약수터
30
아천동
43
면목초교
용마주택
구민회관
면목현대아파트
용마역
용마폭포공원
20
316
긴고랑고개
새마을
아치울
양수리·외
용마산 348
6
5
3
285
아차산 (보루성)발굴중
25
선경아파트
용마산약수터
철탑
20
청룡약수터
40
5
긴고랑약수
용곡초교
50
정암약수터
그네터
산성마을
구리운동장
한
용곡중교
5
내원
철탑
긴고랑계곡
대성암
우미내
동사골
대원외고
5
야호약수터
영수천약수터
15
강
대순리교
관음사
249.9
16
20
한강시민공원
중곡동
10
3
집자갈림길
10
암사선사유적지
화양사
상록천
5
장수샘
장한성
(아차산성)
쉐라톤워커힐
암사재활원
광진구의회
축산물
시범판내장
영화사
정노천
15
아차산성
안내관
한강
신암동
마을버스
아차산역
동익초교
5
10
말똥네
약수터(4)
워커힐아파트
천호동
환경선언문비
안내도
달동네
약수터(3)
정립회관
광장동
암사아파트
선화예고
지하철 5호선
신암초교
광문고등공민학교
워커힐아파트
광진구
광정중교
강동구
광나루역
잠실
강동초교

N
1 : 50,000
0   1Km
城東
부1동
43
3
신 곡 동
회룡교
회룡역
199
의 정 부 시
용 현 동
128
민 락 동
210.6
부용산
고 산 동
중말고개
43
용 암 리
산 곡 동
289
깃대봉
동부아파트청화리
장수원
망월사역
지하철
차량기지
장암역
초소
동막골
60
425
509
524
35
큰골
50
장암동
충남집
음식점
상촌
마을버스
은행나무
쌍암사
10
석림사
석천계곡
도강서원
225
12
40
608
홈통바위
450
360
250
마당바위
465
숯돌고개
월촌
사기막
30
응 달 말
옛성산
퇴뫼산
벌내초교
하촌
마을버스
15
수락산
637.7
산장
내원암
정암수
은류폭포
불노
금류폭포
유원지
55
매표소
옥류폭포
금류동계곡
순화궁고개
330.5
국사봉
전망대
620
철모바위
깔딱고개
463
안고
바위
입
석
대
15
235
중
랑
천
3
35
노 원 구
큰바위샘
540
절터샘
도솔봉
313.6
50
305
317
백 운 동
노원마을 종점
389
수락제1약수
60
수락산공원
관리사무소
염불사
용궁암
40
수암사
도안사
도선사
3
흥국사
덕능
광 전 리
311.8
백운동계곡
요양원(시립)
학림사
60
70
20
10
덕성여대 생활관
송임사
만남의 광장
148
100
30
동막골 관리사무소
광덕사
동막
30
수암약수
수암약수
남 양 주 시
지
하
철
7
호
선
수락산역
노원골 관리초소
278
덕능고개
별 내 면
장미아파트
50
상계동
주공아파트
동막
종점
65
덕 송 리
상원고교
마을버스
당고개역
406
절골신제당약수
마을버스종점
상원초교
현대
아파트
경수암
345
덕송교
43
마들역
천보사
449
60
508
불암산
20
중
랑
천
정암사
60
25
불암산장
석천암
상계역
재현중교
20
10
불암사
중 계 동
420.3
원암유치원
학도암
유스호스텔
30
화접초교
지
하
철
1
호
선
창동역
지하철
4호선
노원역
영신여고
현대아파트
299
화 접 리
불암교
마을버스
30
가나안연립
경 기 도
퇴계원
141
은행동
서 울 특 별 시
노 원 구
17
공릉동
경 춘 선
갈매동

용마산

| 348m | 서울시 광진구/중랑구 |

아차산

| 285m | 서울시 광진구/경기도 구리시 |

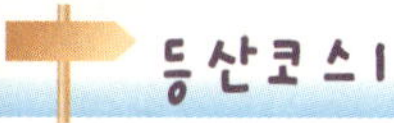

주차장 — 아차산성 — 갈림길(십자) — 갈림길(대성암) —
갈림길 - 긴고랑고개 - 아차산정상(보루성) - 그네터
용마산정상 ——— 긴고랑약수 ——— 영수천약수

용마산 정상

　아차산하면 아차산성을 연상하게 된다. 그러나 아차산성의 위치와 아차산(보루성)의 위치는 다르다. 이 산은 용마산과 더불어 삼국시대 한강을 사이에 두고 격렬한 영토분쟁의 장소였으며 백제의 개로왕이 참수당했고 온달장군이 전사한 유서 깊은 산이다. 그리고 아차산성과 보루성이 발굴돼 고구려 유물이 많이 출토됐다.

　들머리는 워커힐로 가는 진입로에서 정립회관 뒤쪽으로 좌회전하여 영화사로 넘어가는 고개 오른쪽 주차장이 들머리다. 이곳엔 아차산성의 연혁을 기록한 안내판과 구멍가게가 있는데 그 뒤쪽 능선을 오르면 산성 밑에서 워커힐아파트에서 오르는 길과 만나게 된다. 그리고 철조망 안 아차

용마산 정상

산성을 지나 내려가면 십자로갈림길에 이르고 다시 오르면 왼쪽에 팔각정이 있다. 더 가다가 삼거리갈림길(대성암)에서 바위길을 오르면 249.9봉에 이르게 된다. 그리고 서북쪽으로 용마산이 바라다 보인다. 여기서부터 솔밭길을 평탄하게 걸으면 갈림길(대성암)을 지나 그네터와 아차산 정상(보루성)에 이른다. 여기서 북쪽과 동쪽, 남쪽 조망이 좋은데 특히 강동구 암사동 쪽을 휘감아 내려오는 한강을 내려다보는 경치가 좋다.

왼쪽(서)으로 내려가면 긴고랑골고개에 이르고 다시 오르면 316봉 못미처 왼쪽 비스듬히 꺾어지는 길을 따라 서쪽 능선을 따라가면 용마산 정상에 도달한다. 용마산(사진)에는 측량기점이 있고 국기가 게양되어 있다. 이곳에서의 조망은 중곡, 면목, 어린이대공원과 용마폭포공원이 내려다 보인다.

하산은 뺑튀기골로 내려가면 긴고랑약수를 거쳐 긴고랑고개에서 하산하는 길과 만나 영수천약수 앞 주차장에 이른다.

등산코스 2

사가정역 ─ 용마한신아파트 ─ 안부 ─ 316봉 ─ 용마산 갈림길 ─ 그네터 ─ 아차산정상 ─ 긴고랑고개 ─ 316봉 대성암 ─ 갈림길 ─ 갈림길(십자) ─ 정노천약수 ─ 영화사

지하철 7호선 사가정역에서 내려 동쪽 산 밑 용마한신아파트 옆길로 올라와 용마1약수터를 지나 살림길(십자로)에 이른다. 여기서 북쪽 주릉을 따라가면 망우공원관리사무소에 이르고 동쪽 계곡으로 내려가면 아치울마을을 거쳐

46번 국도 정류장이 나온다.

　여기서 남쪽 주릉을 따라 오르면 316봉 헬기장에 이르고 여기서 우측 능선으로 가면 용마산 정상에 이른다. 그리고 다시 316봉 못미처 갈림길에서 우측으로 내려가면 긴 고랑고개를 거쳐 아차산 정상에 이르고, 그네터를 지나 갈림길에서 왼쪽 작은 솔밭을 지나면 암벽이 나타나는데 바위에 설치된 시멘트 발판을 조심스럽게 내려 사다리계단을 내려가면 대성암 왼쪽 체육장에 도착한다.

영화사 대웅전

　여기서 다시 남쪽으로 잘 닦여진 등산로를 따라가면 갈림길에 이르고 다시 왼쪽으로 내려가 갈림길(십자로)에서 우측 계곡길로 내려가면 장수샘, 상록천, 정노천을 거쳐 영화사에 이른다.

교통

▌대중교통

- **우미네, 아치울** : 강변역 – 사능리(9, 9–1번 버스)
　　　　　　　　　　길동 – 양지리(1–3, 9–2번 버스)
- **사가정역** : 지하철 7호선
- **용마산역** : 지하철 7호선
- **아차산역** : 지하철 5호선
- **광나루역** : 지하철 5호선

▌승용차

- 서울교통도 참고

유적명소

유적

- **영화사**

  : 아차산에 있는 절. 처음에는 화양사(華陽寺)라 했으며 신라 의상(義相)에 의해 창건. 1907년(융희 1년) 영화사로 개칭. 봉은사의 말사

- **아차산성**

  : 일명 장한성(長漢城), 아단성(阿旦城)으로 백제가 광주(廣州)에 도읍시 축성. 286년 백제 책계왕 때 이를 중수, 475년 고구려 장수왕이 백제의 한성을 쳐서 개로왕을 사로잡아 성 밑에서 죽이고 백제를 웅주로 천도하게 한 후 신라와 쟁탈전을 벌인 곳이며 평원왕의 사위이며 평강공주의 남편인 온달(溫達)장군이 신라군과 싸우다 전사한 곳이다. 아차산 보루성은 5세기경 축조된 고구려의 군사요새. 남북 70m, 동서 20m로 사방 5m 가량의 연못 2개가 설치되어 있다.

명소

- **어린이대공원**(아차산역)
- **쉐라톤워커힐**
- **아차산유원지**

숙식

숙박

- 쉐라톤워커힐 : 광진구 광장동
- 한강호텔 : 광진구 광장동
- 뉴스타호텔 : 중랑구 면목동

식사

- 사가정역, 아차산역, 워커힐호텔 부근 우미네 등 다수

<table>
<tr><td>

예봉산
683.5m
</td><td>

경기도 남양주시 와부읍
/남양주시 조안면
</td></tr>
<tr><td>

적갑산
560m
</td><td>

경기도 남양주시 와부읍
/남양주시 조안면
</td></tr>
</table>

 등산코스 1

도곡동종점 — 어룡 — 마을버스종점 — 초소 — 새재

적갑산정상 — 464.4봉 — 세정고개 — 주막샘

630봉 — 안부 — 예봉산정상 — 갈림길 — 전망대

상팔정류장 —— 마을회관 —— 갈림길 —— 묘

예봉산 정상

　　예봉산은 한강의 팔당댐을 남쪽에 두고 있는 산으로 한
북정맥이 광덕산에서 백운산, 국망봉, 견치봉, 민둥산, 강
씨봉을 지나 오뚜기고개를 넘어 890봉에서 동과 서로 갈
라진다. 서쪽에 청계산과 길매봉을 거쳐 원통산과 운악산
에서 다시 개주산과 금주산에서 서리산, 축령산이 동으로
갈라진다. 그리고 남으로 철마산과 천마산이 마치고개를
넘어 백봉에서 동쪽 수레넘이고개를 거쳐 531.9봉에서 남
으로 갑산을 지나 새재에 이른다. 다시 새재에서 적갑산을
거쳐 예봉산이 솟아났다.

들머리와 하산점도 다양하다. 이 코스는 제일 많이 사랑을 받는 코스다. 상팔(팔당역)정류장에서 길을 건너 한일관(음식점) 옆으로 굴다리를 통과하면 오른쪽에 마을회관이 있다(주차 가능). 여기서 계류를 건너 오른쪽 마을길로 들어서면 된다. 그리고 계류를 따라 오르면 오른쪽 사슴목장 못미쳐 갈림길이 있는데 왼쪽으로 오르다 다시 오른쪽으로 들어서면 잡목숲 길이다. 길은 차츰 뚜렷해지며 큰나무 밑 길을 오르면 오른쪽 능선에 묘가 있고 묘 뒤를 숨가쁘게 오르면 바위전망대에 이른다. 그리고 다시 급경사를 오르면 오른쪽 계곡 오름길과 만나게 되고 여기서 북쪽 가파른 지릉을 오르면 헬기장이 정상이다.

정상에서의 조망은 일품으로 사방이 확 트여 속이 후련하다. 동으로 청계산, 용문산, 서쪽으로 한강과 멀리 북한산, 도봉산이, 남으로 검단산과 남한산성의 연봉, 북으로 갑산과 문안산, 북동으로 운길산이 계곡을 사이에 두고 조망된다. 특히 팔당호수 건너쪽 분원 뒤로 앵자산 등이 아스라이 펼쳐진다.

하산은 서북 주릉으로 내려가다가 급경사를 만나는 지점 우측선이 세정사 갈림길이고 안부로 내려가면 억새밭인데 좌측 우산같은 소나무(쉼터) 쪽으로 내려가면 돌무지식당으로 내려가는 계곡길이다. 그리고 630봉(헬기장)에서 남쪽 능선으로 내려가면 송전탑능선으로 외판집에서 계곡길과 만나 돌무지식당으로 하산하는 길이다.

적갑산은 630봉에서 주릉을 따라 빤히 보이는대로 내려갔다가 다시 오르면 된다. 그리고 주릉을 계속 따라 내려가다가 464.4봉에서(잘 살필 것) 우측으로 내려가면 세정고개 십자로에 이르고 길은 넓게 북쪽으로 나 있다.

이 세정고개에서 동쪽으로 가면 운길산이고 남쪽 계곡으로 내려가면 세정사와 동국대연습림을 거쳐 진중리버스정류장에 이르게 된다. 이 고개에서 넓은 길을 북으로 따라가

예봉산 정상에서 본 검단산

면 왼쪽에 주막샘이 있고(그 오른쪽으로 임도가 있다) 다시 북으로 가면 새재에 이르는데 북릉이(초소가 있는 곳) 갑산길이다.

그리고 여기서 서쪽(왼쪽) 계곡 임도를 내려오면(오른쪽으로 지름길이 있다) 갑산 안부로 오르는 갈림길이고 계속 내려오면 일신농장과 마을버스종점, 어룡마을 그리고 문룡마을과 굴다리를 지나 166번 도곡 종점에 이른다.

등산코스2

상팔정류장 — 마을회관 — 갈림길 — 갈림길 — 안부

적갑산정상 – 630봉 – 안부 – 예봉산정상 – 580봉

미덕골 — 초소 — 마을버스종점 — 어룡 — 도곡동종점

상팔정류장에서 마을회관을 지나 계류를 따라 (마을길도 가능) 올라가고 사슴목장 전의 갈림길을 지나 계속 계류 옆길을 오르면 확 트인 계곡 쉼터가 나타나는데 여기서 오른쪽 안부를 향하여 오른다.

이 안부는 십자로로 주릉을 따라 동남쪽봉을 거쳐 봉안터널 옆으로 내려갈 수 있고 동쪽 계곡은 조안을 거쳐 조안면사무소 앞으로 갈 수 있다. 그러나 북쪽 주릉을 따라 봉 하나를 넘으면 580봉에 이른다(이 봉 전에 지름길이 있다).

이어서 다시 왼쪽 주릉을 내려 갔다가 다시 오르면 예봉산 정상이다. 정상에서 적갑산 정상까지는 주릉을 따라 가면 되고 여기서 미덕골로 내려가는 길은 급경사로 적설기와 셜빙시 및 폭우에는 피하는 것이 좋다. 일단 계곡에 이르면 암벽계곡으로 시작되어 차츰 계곡이 넓어 질 즈음 계류를 건너면 묘가 있다.

그리고 그 앞에 임도가 남북으로 이어지는데 오른쪽 길을 따라 조금 더 가면 목장이 두 개 보인다. 이 목장을 지나 계류다리를 건너면 새재로 오르는 초소가 있다.

여기서 왼쪽 포장차도로 내려가면 왼쪽에 일신농원(음식점)이 있고 새마을버스종점과 다리를 두 번 건너 어룡마을수퍼와 오른쪽 고대연습림을 지나 계속 내려오면 도곡동 중앙선 굴다리다. 그리고 길을 건너면 166번 버스 종점이다.

운길산

610.2m 경기도 남양주시 조안면

등산코스

조안보건소 – 마을(진중리) – 주차장(수종사) – 안부 – 운길산
정상
|
송촌정류장 – 연세중교 – 슈퍼 – 수종사 —— 500봉

　양수리를 두물머리라고도 부른다. 북한강과 남한강이
합류하는 곳으로 육로가 발달되지 않았을 때에는 강운(江
運)이 번성했던 곳이자 용진(龍津)나루로 교통의 요지였
으며 상인들이 쉬어가던 곳이었다. 지금도 양수대교와 철
로인 북한강철교가 놓여있고 팔당댐이 만들어진 후로는 팔
당호가 이뤄져 홍수조절은 물론 수도권 2000만 인구의 급
수원이 되고 있다.

　또 수종사에 얽힌 이야기로는 조선 7대 세조(世祖)가 오
대산 월정사에서 불공을 드리고 배로 귀경할 때 양수리에
서 밤을 지내게 됐다. 그런데 밤중에 어디서 범종소리가
들려 다음날 알아본즉 운길산 바위굴에 18나한상이 있음
을 발견, 그 자리에 절을 짓게 하고 이름을 수종사(水鍾
寺)라 했다. 그것을 기념하여 수종사에 은행나무를 심었
는데 이 나무는 수령 530년을 자랑하고 있다.

　이 코스의 들머리는 조안보건소와 송촌리정류장인데 어
느 곳을 택해도 좋다. 송촌리 쪽은 연세중교 앞을 지나 삼

운길산 수종사

수종사 은행나무(수령 530년)

거리 슈퍼에서 왼쪽길을 오르면 도자기공장 오른쪽 묘가 있는 곳이 본격 들머리이고, 보건소 쪽은 옆길로 들어가 마을 갈림길에서 오른쪽으로 오르면 된다. 이곳은 사륜자동차는 수종사주차장까지 오를 수 있고 포장길을 걸어 능선을 오르면 주차장 근처 큰나무숲에 이른다. 여기서 왼쪽을 오르면 안부다.

그리고 송촌리 쪽은 은행나무 옆으로 올라 불이문을 통과하여 수종사에 이르고 여기서 절 뒤(불이문 옆)로 오르면 500봉(북쪽은 암벽 주의)에 이르고 급경사를 내려 오르면 안부에서 주차장, 그리고 오름길과 만나 헬기장과 암릉을 지나면 운길산 정상이다.

운길산에서 남서쪽으로 예봉산이 북쪽으로 문안산, 동쪽으로 청계산, 용문산, 백운봉, 동남쪽으로 팔당호를 건너 정암산, 해협산 그 뒤로 양자산, 앵자봉, 관산 등이 조망되며 남쪽으로 검단산과 용마산이 아스라이 보인다. 특히 가을 단풍시 북쪽 능선 쪽은 장관이다.

하산은 오른 코스와 반대로 정하면 된다.

갑 산

경기도 남양주시 와부읍
/남양주시 조안면

545.7m

도곡동종점 – 어룡 – 마을버스종점 – 조조봉 – 전망대
갑산정상 – 안부 – 524봉
일신농장 – 초소 – 새재골 – 새재

갑산 전망대에서 본 적갑산(앞), 630(중), 예봉산(뒤)

갑산은 새재 북쪽에 위치하고 있으며 정상은 소나무숲으로 보잘것없는 표지가 나무에 걸려 있을 뿐이다. 이는 적갑산도 마찬가지다.

그리고 수림에 둘러싸여 있어 잘 보이지 않고 간간이 틈새로 어림할 뿐이다.

들머리는 마을버스 종점에서 초소로 들어가는 왼쪽(일신농장입구 맞은쪽) 능선으로 바로 오르면 되고 좀 더 오르면 조조봉이다.

여기서 동북쪽 주릉을 내려가면 갈림길인데 여기서 계속 능선을 따라가면 전망대에 이른다.

정상에서 남쪽과 서쪽에 걸쳐 막힘 없는 조망이 좋고 특히 적갑산, 운길산, 예봉산이 한눈에 들어 온다.

이 전망대에서 조금 더 오르면 524봉에 이르고, 여기서 오른쪽(동)으로 내려가 안부에 이르러 오른쪽 계곡 임도를 따라 내려가면 새재에서 내려가는 길과 만난다. 그리고 안부에서 계속 능선을 오르면 갑산 정상이다. 이곳 정상에서 오른쪽(남)으로 하산하면 초소가 있는 새재다. 이 새재에서 우측길로 내려오거나 그 옆 지름길로 내려오다 안부길과 만나 외딴집과 초소, 일신농장을 지나면 마을버스 종점이다.

등산코스 2 종주 코스

승촌정류장 – 수종사 – 500봉 – 운길산정상 – 503봉
                                              |

마을버스종점　　　　　　　　　　　　세정고개
   |　　　　　　　　　　　　　　　　　　|

조조봉 — 524봉 — 갑산정상 — 새재 — 464.4봉 ┐

상팔정류장 – 마을회관 – 예봉산정상 – 630봉 – 적갑산정상

어느쪽을 들머리로 하든지 제일 긴 코스다. 예봉산 쪽으로 택하면 ㄱ, ㄴ을 합친 모양이고 갑산 쪽을 택하면 P자 모양의 코스가 된다.

그러나 예봉산 쪽을 택할 경우 능선을 좌우로 펼쳐지는 조망이 좋고 한강과 팔당호수 그리고 강건너 검단산과 댐의 하류 조정경기장 등이 눈 아래 펼쳐져 가슴이 확 트이는 기분이다.

교통

▌대중교통

- **도곡동** : 청량리 – 도곡동(166번) 수시
- **어룡** : 도곡동 – 어룡(마을버스) 30분 간격
- **상팔, 하팔, 봉안** : 청량리 – 양수리 (16번 좌석)
  청량리 – 양수리 (8번 일반)
  강변역 – 양수리 (2000–1번 좌석)
  청량리 – 삼봉리 (166번 좌석)
- **송촌리보건소** : 청량리 – 삼봉리 (166번 좌석)
  양수리 – 삼봉리 (마을버스)

▌승용차

- 청량리 — 도곡동 – 어룡 – 일신농장
- 팔당대교 – 팔당 – 봉안 – 조안IC – 양수검문소 –

 유적명소 및 숙식

유적명소

유적

- **수종사 오층석탑(도지정 유형문화재 제22호)**
  : 남양주시 조안면 송촌리 1060
- **수종사 부도(도지정 유형문화재 제157호)**
  : 남양주시 조안면 송촌리 1060
- **정약용선생묘(도지정 기념물 제7호)**
  : 남양주시 조안면 능내리 산 75-1
- **한확신도비(도지정 유형문화재 제127호)**
  : 남양주시 조안면 능내리 산 75-1

명소

- **팔당댐** : 남양주시 조안면/하남시
- **영화종합촬영소** : 남양주시 조안면 삼봉리 산 100

숙식

숙박

- 호텔발렌타인(031-592-0333)
- 북한강호텔(031-591-9377)
- 조안, 와부, 양수 다수, 6번, 45번 국도변

식사

- 조안, 와부, 양수 및 6번, 45번 국도변
- 황토마당(031-576-8087)
  : 조안면 마현 정약용 생가(묘) 앞
- 죽여주는동치미국수(031-576-4020)
  : 조안면 송촌리 정류장 앞
- 시골밥상(031-576-8355) : 정약용 생가(묘) 마을
  (마현)

예봉산(禮奉山) 683.5m / 적갑산(赤甲山) 560m / 운길산(雲吉山) 610.2m / 갑산(甲山) 545.7m

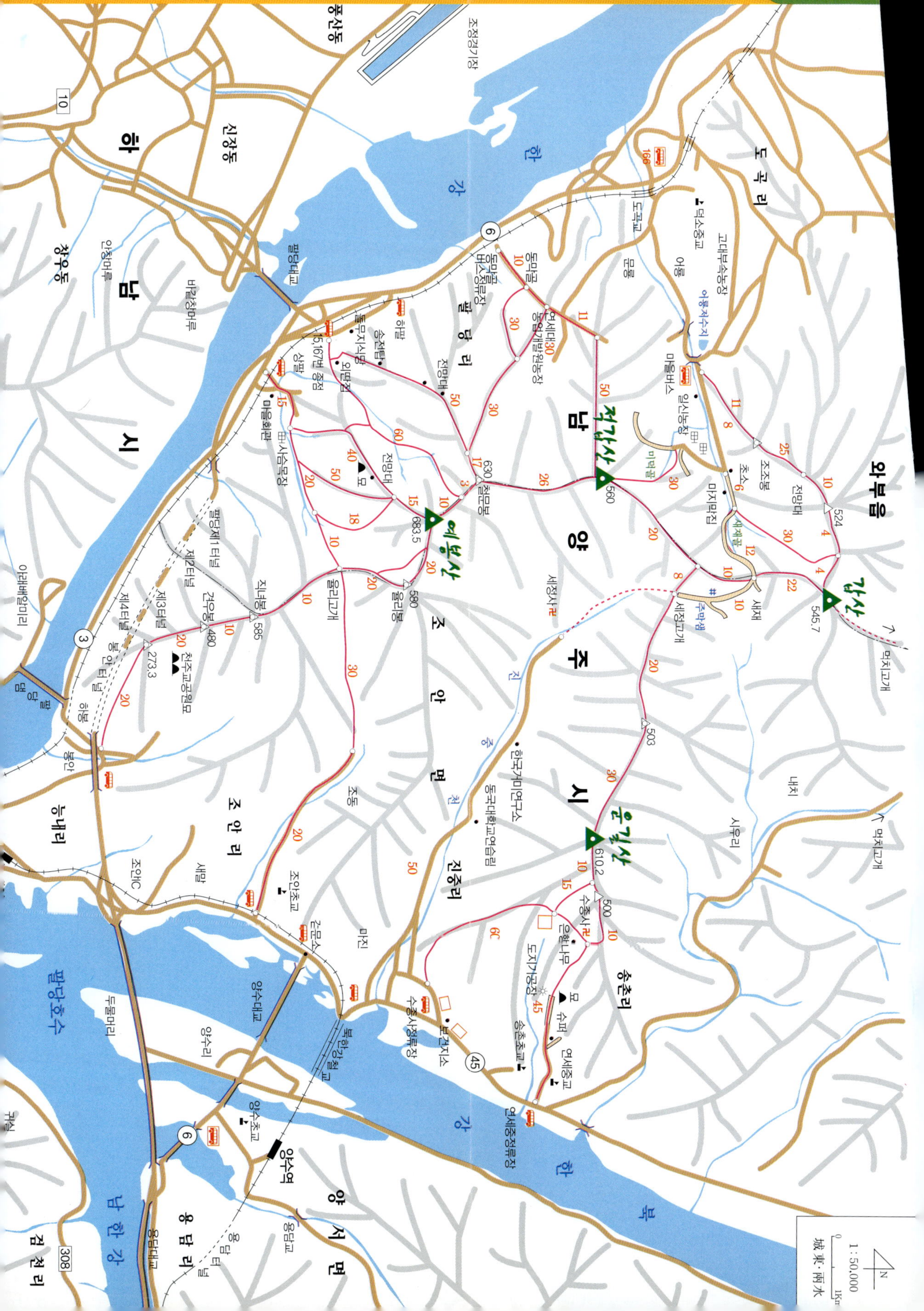

예봉산 683.5
적갑산 560
운길산 610.2
갑산 545.7

1 : 50,000

城東·兩水

N

0   1Km

06

문안산(文案山) 536m

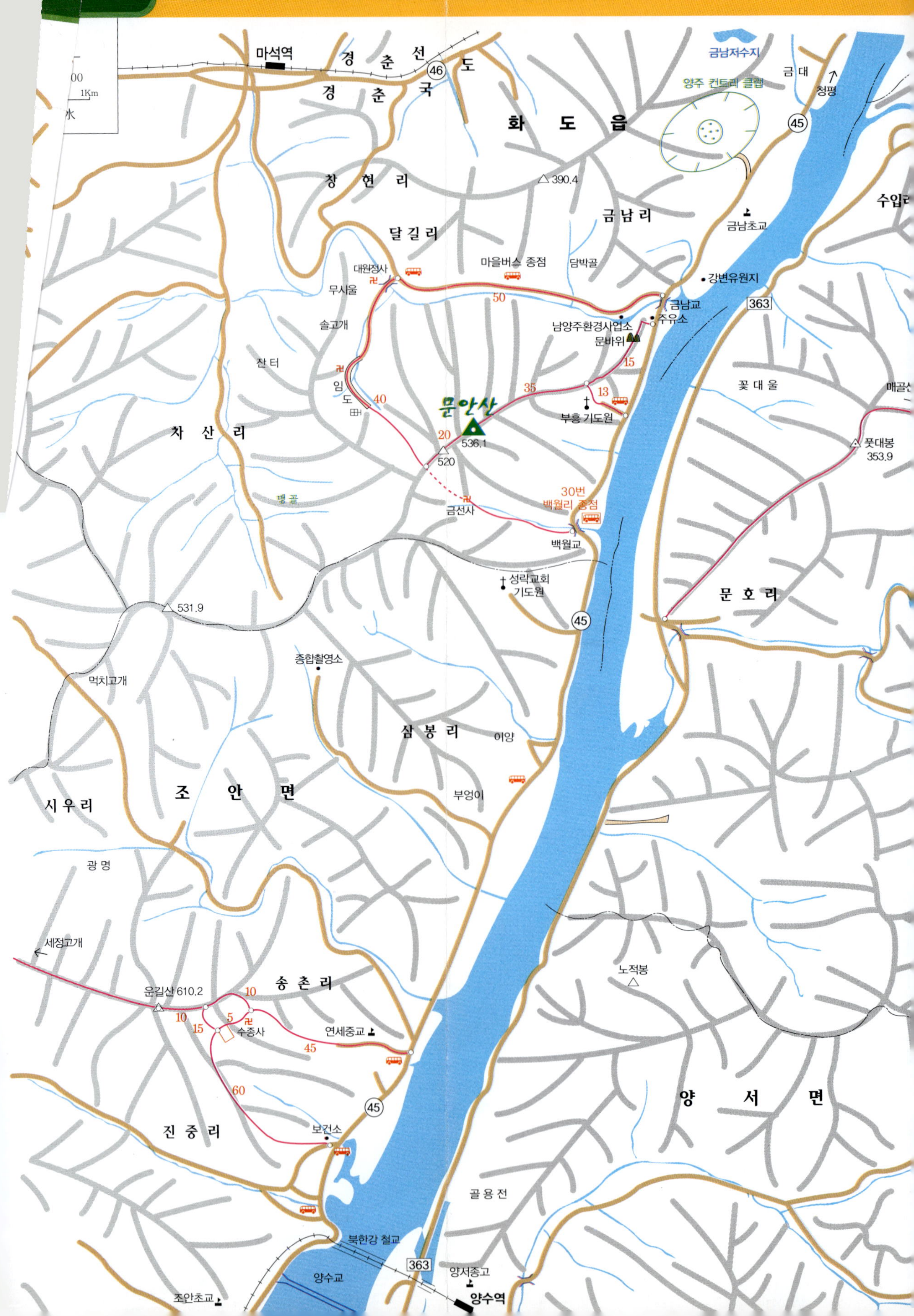

금남저수지
양주 컨트리 클럽
금 대
청평
마석역
경 춘 선 도
경 춘 국
화 도 읍
45
수입리
창 현 리
390.4
금 남 리
달 길 리
금남초교
대원정사
마을버스 종점
담박골
강변유원지
무시울
50
363
솔고개
금남교
주유소
남양주환경사업소
문바위
잔 터
15
문안산
35
꽃 대 울
임
20
13
매골산
도 田
40
520
536.1
부흥 기도원
풋대봉
353.9
차 산 리
땡골
금전사
30번
백월리 종점
백월교
531.9
성락교회
기도원
문 호 리
먹치고개
종합촬영소
45
삼 봉 리
이양
시 우 리
조 안 면
부엉이
광 명
노적봉
세정고개
운길산 610.2
10
송 촌 리
10
5
15
수종사
연세중교
45
60
양 서 면
진 중 리
보건소
골용전
북한강 철교
363
양수교
양서종고
양수역
조안초교

문안산

536m 경기도 남양주시 화도읍

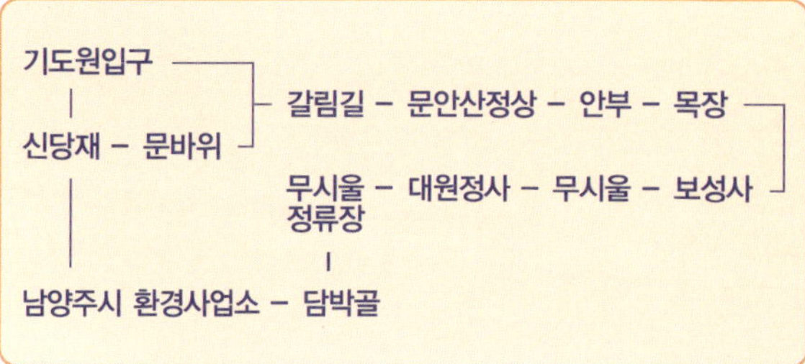

문안산

문안산은 양수리삼거리에서 대성리 쪽으로 가는 국도 45번과 북한강을 우측에 두고 평행으로 뻗은 산이다. 산세도 험한 곳이 없고 평범하지만 북한강과 그 건너 화야산 줄기와 연봉을 바라보는 그 시원한 맛이 좋다.

들머리는 남양주시 환경사업소로 들어가는 금남교 남쪽 주유소, 왼쪽 가파른 곳(희미하다)으로 올라 문바위를 지나 능선을 오르면 된다. 다른 들머리는 신당재 남쪽 도로변 부흥기도원정류장에서 차도를 따라 오르면 기도원에 이르고 그 우측으로 오르면 문바위 길과 만난다.

그리고 여기서 왼쪽 주릉을 계속 오르면 문안산 정상에 이른다. 정상에서의 조망은 막힘이 없어 좋다.

북에서 남으로 뻗어내린 북한강의 푸른 물줄기와 모터보트의 흰 물결, 그리고 그 넘어 화야산, 고동산, 매곡산, 청계산 등이 병풍처럼 펼쳐져 있고, 서쪽으로 백봉과 천마산, 남쪽으로 운길산과 예봉산이 아스라이 보인다.

하산은 남쪽 주릉에서 520봉을 내려오면 안부에 이르는데 여기서 동쪽 금선사 길은 희미하여 녹음기에는 피하는 것이 좋다. 서쪽 계곡을 택해 내려오면 목장에 이르고 다시 보성사 앞을 거쳐 무시울마을에 이른다. 그리고 마석에서 내려오는 계류다리 왼쪽 대원정사를 지나면 차도가 나온다.

이 무시울정류장은 새마을버스(마석 - 담박골)가 있으나 신당재로 와야 버스를 쉽게 탈 수 있다. 이 무시울에서 계류 옆 차도를 따라 내려오면 담박골마을에 이르고 이곳을 지나 남양주시 환경사업소 앞을 지나면 금남교와 신당재에 이른다.

북한강 건너편 문호리에서

 교 통

▌대중교통

- **신당재, 부흥기도원 입구**
  : 청량리에서 765번 버스 승차 구암리 종점 하차, 잠실역에서 901번 좌석버스 승차 마석 종점 하차, 청량리에서 330-1번, 1330번 버스 승차 마석 하차
  마석 - 백월리(금선사 입구) 30번 버스(30분 간격)
- **무시울** : 마석 - 담박골(마을버스)

▌승용차

- **신당재, 부흥기도원 입구**

- 팔당대교 ┬ 팔당터널 – 봉안터널 – 조안IC – 양수
　　　　　│　　　　　　　　　　　　　　　삼거리
　　　　　└ 봉인 ──────── 능내 ┘
　– 종합촬영소 – 백월리 – 부흥기도원 – 신당재 – 남
양주시 환경사업소 – 무시울 – 마석 – 서울

 유적명소 및 숙식

유적명소

유적
무

명소
- **종합촬영소**

숙식

숙박
- 소피아호텔(031-576-4623) : 조안면 삼봉리
- 히이마트호텔(031-591-2201) : 화도읍 금남리
- 뉴월드호텔가든(031-591-6161) : 화도읍 금남리
- 발렌타인여관(031-592-0333) : 화도읍 금남리

식사
- 평화하우스(031-576-8937) : 조안면 삼봉리
- 플레이볼(031-576-3620) : 조안면 삼봉리
- 기타 45번 국도변에 많이 있음

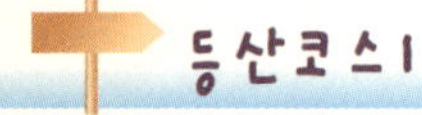

등산코스 1

> 새말수목휴게소 — 묘 — 샘터 — 지릉 — 477봉
> 임도 — 남동쪽능선 — 죽엽산정상 — 600봉
> 참나무휴게소 ——— 내촌교 ——— 내촌정류장

죽엽산 전경(주금산에서)

　죽엽산은 조선조 세조(世祖)와 정희왕후 윤씨의 묘인 광릉과 봉선사의 괘불, 봉선사 대종, 이광수기념비 및 크낙새서식지로 유명한 광릉수목원을 남쪽에 두고 있는 산으로 수목이 울창하여 원시림에 가깝다.

　이 코스의 들머리는 국도 47번에서 광릉으로 들어오면 하늘을 찌를듯한 수목길을 지나 광릉 입구와 광릉임업시험장을 지나 커브길 다리 못미처 오른쪽에 수목휴게소가 있다. 이 휴게소 옆으로 들어가 다시 좌측으로 조금 더 가면 한옥음식점이 나온다. 이 음식점 뒤로 오르면 고개 오른쪽에 묘가 있는데 그 뒤로 가면 등산로가 있고 가느다란 로프가 매어져 있는 등산로는 샘터까지 연결돼 있다.

　이 샘물 위로는 임도가 있으며 이 임도를 건너 벌목을 한 곳으로 등산로를 잘 살피며 가면 지릉에 오르게 된다. 그리고 북쪽으로 가면 477봉 왼쪽으로 돌아 주릉에 이르며 낙엽 쌓인 급경사 길을 오르게 된다.

　주릉에는 굴참나무 등이 빽빽히 들어서 좌우를 분간할

수 없고 계속 능선을 따라 오르면 600봉을 지나 죽엽산 정상에 이른다.

하산은 남동쪽 능선을 내려 임도와 만나 내려오면 참나무휴게소에 이르고 여기서 내촌교를 거쳐 면소재지인 내촌 정류장으로 가면 된다.

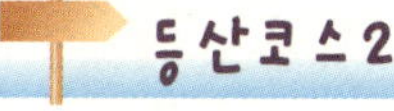
등산코스 2

우금리정류장 — 큰넓고개 — 257.7봉 — 작은넓고개 — 임도 — 남동쪽능선 — 죽엽산정상 — 560봉 — 참나무휴게소 ——— 내촌교 ——— 내촌정류장

33번 버스(의정부–내촌)를 타고 우금리정류장에서 하차해서 큰넓고개로 올라와 오른쪽 나지막한 능선을 오르다 257.7봉 갈림길에서 오른쪽길로 내려가면 작은넓고개에 이른다. 그리고 여기서 다시 남쪽 주릉을 계속 완만하게 오르면 송전탑이 있는 능선 560봉이 나온다. 그리고 여기서 임도 안부를 지나 남쪽 잣나무숲 급경사를 오르면 죽엽산 정상이다. 정상에는 나무에 걸린 표지와 소삼각점 표지(국립건설연구소)가 있다.

하산은 코스①과 같다.

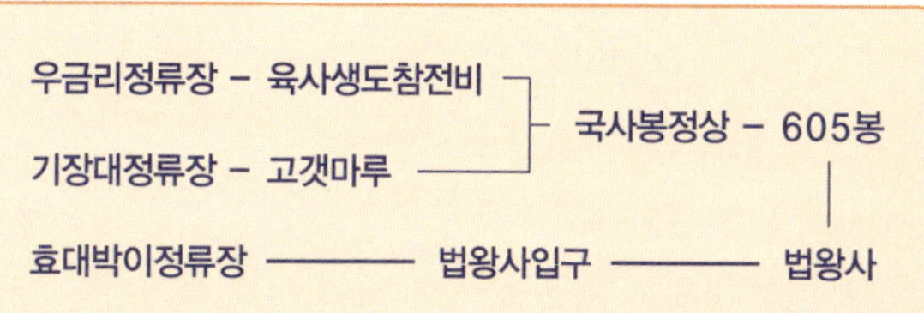
국사봉

546.9m

경기도 포천시 내촌면
/포천시 가산면

등산코스

우금리정류장 – 육사생도참전비 —
기장대정류장 – 고갯마루 ——— 국사봉정상 – 605봉
효대박이정류장 ——— 법왕사입구 ——— 법왕사

국사봉은 포천 왕방산 쪽에도 있으며 유사한 명칭은 전

국에도 많다. 이 산은 내촌에서 국도 47번과 평행으로 서파 쪽으로 뻗어 있고 서파에 이르러 수원산을 이루고 있다 (수원산은 등산 금지).

육사생도 참전비(큰넓고개에서)

춘원 이광수 기념비(봉선사 경내)

들머리는 우금리정류장에서 큰넓고개로 올라와 왼쪽 육사생도 6·25참전비가 있는 곳으로 올라가 그 탑 오른쪽으로 계속 올라가면 된다. 기장대정류장은 내촌에서 서파 쪽 한 정류장(약 1.5km)에 위치하고 있으며 여기서 베어스타운이 멀지 않다. 왼쪽 기장대마을로 내려가 갈림길 왼쪽으로 가면 계류, 작은다리를 건너면 외딴집이 있다. 이 집 왼쪽으로 가면 고갯마루에 이르고 여기서 오른쪽 능선을 오르면 국사봉 정상에서 우금리코스와 만난다. 그리고 여기서 북쪽 주릉을 20여 분 더 가면 차츰 경사가 있는 565봉에 이르게 되고 다시 내려갔다가 암봉인 605봉에 이르게 된다(필자의 소견은 605봉을 국사봉으로 했으면 한다).

이 봉에 오르면 남쪽 국사봉과 내촌벌, 죽엽산이 조망되고 그 왼쪽 국도 너머로 베어스타운의 스키슬로프와 콘도 그리고 그 뒷산인 주금산과 철마산, 북동쪽 운악산이 아스라이 보인다.

하산은 585봉에서 서쪽 지릉으로 내려가다가 좌측 불정 이계곡으로 내려가는 코스가 있다. 하지만 이 코스는 잡초 와 잡목이 우거져 삼가는 것이 좋다. 그러나 법왕사를 가려 면 605봉에서 북쪽으로 내려갔다가 다시 봉을 오를 즈음 오른쪽으로 방향을 잡아 급경사를 내려가면 계류를 만나게 된다. 법왕사에서 오르는 경우 이 계곡은 상수원보호구역 으로 철조망이 있으나 하산의 경우는 통과할 수 있다. 그리 고 법왕사에 이르면 그 지하법당의 규모에 놀라게 되고 공 양시간에 가면 식사를 할 수도 있다. 여기서 국도까지는 차 도로 멀지 않고 일단 차도에 이르면 정류장은 FMC레스토 랑을 지나 조금 위에 있다.

교통

대중교통

- **광릉내**
  : 시외버스 – 상봉터미널(02-435-2122~9)에서 광릉내, 내촌, 일동 경유 사창리, 이동행 30분 ~ 1시간 간격
  시내버스 – 대진운수(031-527-4550) 7분 ~ 8분 간격 7, 7-3, 707번 버스 이용
  의정부에서 21번 버스 이용 광릉내 하차

- **내촌**
  : 광릉내에서 약 1시간마다 출발
  상봉터미널에서 일동 방향 버스 이용 내촌 하차
  의정부역에서 33번 버스 이용 내촌 하차

- **기장대 :** 베어스타운 아래에 위치한 곳으로 내촌 구간 버스 이용

- **효대박이**
  : 상봉터미널에서 와수리, 사창리행을 타고 광릉과 내 촌에서 하차, 기장대와 법왕사(소학리)는 버스나 택 시 이용, 동서울과 상봉터미널에서 일동 방향 버스 이용 내촌면 소학3리 하차, 청량리에서 707번 버스 이용 광릉내 종점 하차 → 7번 일반버스 → 내촌면 소학3리 하차

- **우금리 :** 의정부역에서 33번 버스 이용 내촌 환승

- **새말수목휴게소**
  : 의정부에서 21번 버스 이용 광릉내 환승, 상봉터미 널에서 내촌, 일동 경유 사창리, 이동행 버스 이용 광

릉내 환승

- **새말휴게소** : 국도 47번 광릉IC – 광릉, 국도 43번
  축석령검문소 – 광릉
- **큰넓고개** : 국도 47번 내촌에서
- **기장대, 법왕사** : 국도 47번 내촌 – 기장대 – 법왕사

유적명소 및 숙식

유적

- **봉선사대종(보물 제397호)**

  : 남양주시 진접읍 부평리 255(봉선사 내)
- **광릉(사적 제197호)**

  : 남양주시 진접읍 부평리 산 100–1
- **크낙새서식지(천연기념물 제11호)**

  : 남양주시 진접읍 부평리 산 99–1
- **봉선사괴불(유형문화제 제165호)**

  : 남양주시 진접읍 부평리 255(봉선사 내)

명소

- **육사생도 6 · 25참전기념비**

  : 포천시 가산면 우금리 산 89(큰넓고개)
- **서운동산**(031–533–9000) : 포천시 내촌면 마평리 156
- **광릉수목원(광릉)**

  : 남양주시 진접읍 부평리/포천시 소흘읍 직동리
- **봉선사 및 이광수기념비** : 남양주시 진전읍 부평리 255
- **베어스타운**(031–531–1544)

  : 포천시 내촌면 소학리 295

숙박

- 베어스타운콘도(031–532–2534)
- 직동리, 광릉입구, 47번 국도 주변

식사

- 광릉입구(봉선사) 및 직동리, 내촌과 베어스타운 주변
  국도

N
1 : 50,000
1Km
一川·一東
一東·兩水
소흘
포천시
포천시
325
방축리
가 산 면
신 팔 리
윗말
금 현 리
우 금 리
우금저수지
중말
현리·일동
정교리
우금1리마을회관
585.0
컨테이너집
잡초지역
효대박이
16
258
불정이
법왕사
FMC 레스토랑
육사생도
참전기념비
605
4
34
15
작은넓고개
큰넓고개
565
4
5
내촌주유소
법왕사표석
새말
257.7
45
국사봉
16
신촌
소 학 리
작은넓고개말
천
546.9
시
포
오림포
45
47
평촌
소 흘 읍
골말
연화사
롯원교회 수양관
사기막
고모리
560
진 목 리
20
베어스타운 스키리조트
5
죽엽동
내촌식당
기장대
송전탑
죽엽산
15
임 도
내리
47
주금산
600.6
10
40
20
능 골
제재소
25
내촌교
내촌파출소
참나무휴게소
안 골
참나무정미
5
600
내 촌 면
35
음고개
마 명 1 리
동리
477
음 헌 리
서운동산
임도
25
마 명 2 리
서운동산
매화동
말우리
15
372.4
234.8
음식점
379.6
수목휴게소
광릉임업 시험장
진 접 읍
수 동 면
경희대사회복지 대학원
독점마을
단산
이광수 기념비
채우산업
수목원
봉선사
광릉초교
남 양 주 시
임도
부 평 리
남 양 주 시
광릉내
진 벌 리
구리
본말
진벌
786.8

청우산(靑雨山) 619.3m / 불기산(佛岐山) 600.7m

청우산

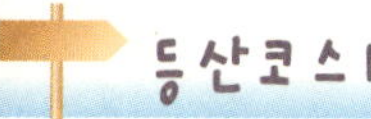

등산코스1

덕현리청오사입구 - 덕현리 - 청오사 - 능선 - 청우산정상

덕현리마을회관 - 청평아카데미 - 녹수기도원 - 조종천

청우산(덕현리 조종천에서)

　덕현리 청오사 입구 건너쪽엔 광성교회수련원이 있고 조정천 다리를 건너면 청우산에서 남쪽으로 뻗어 내려 온 능선에 이른다. 이 능선 끝을 우측으로 돌아 우측엔 넓은 주차장과 유원지가 있다. 여기서 좌측 능선 쪽으로 청우산 오름길과 덕현리 마을을 지나 왼쪽 작은 언덕을 넘으면 외딴집이 있다. 이 집 왼쪽 길을 가면 계류다리를 건너게 된다. 이 다리는 차량이 들어갈 수는 있으나 다리가 약하고 좁은 데다 경사가 있어 특별한 주의가 요망된다. 가급적 외딴집에 주차를 하는 것이 좋다. 다리를 건너면 맞은 편에 비닐하우스와 허름한 집, 약간 오른쪽으로 임도가 있고 왼쪽으로 조금 더 가면 길은 끝난다. 그리고 그 왼쪽 계류 건너 집두 채가 있다. 청오사는 여기서 계류를 따라 6분쯤 더 가서 계류를 건너면 야트막한 불이문과 그 옆 게시판이 있고 종각과 칠성각, 요사채와 정자가 있다. 등산로는 칠성각 왼쪽으로 오르면 된다. 주릉에 오르면 잣나무들이 울창한 등산로를 오르다가 떡갈나무 등산로를 따라 오르면 정상이

다. 정상에서의 조망은 북쪽 연릉을 따라 대금산과 깃대봉, 동으로 불기산, 남으로 깃대봉, 운두산, 서쪽으로 축령산, 서리산, 주금산, 동쪽으로 호명산 등이 보인다.

　하산은 서쪽 능선을 따라 내려오면 되는데 조종천이 서릉을 휘감아도는 곳으로 내려와 비포장 천변 길을 따라 내려오다 청우산 쪽 음식점으로 가야 한다(이 차도에는 다리가 없다). 그리고 음식점에서 만든 출렁다리를 건너면 녹수기도원 주차장이다. 여기(녹수음식점)에서 청평아카데미 입구까지는 비포장 차도이고 여기를 지나면 시멘트포장 도로를 지나 덕현리마을회관정류장에 이른다.

등 산 코 스 2

> 청오사입구 —— 덕현리 —— 임도안부 —— 북쪽능선
> 갈림길 —— 남쪽능선 —— 청우산정상 —— 무명봉
> 묘 ———— 녹수파크 ———— 덕현리마을회관

　청오사 못미처 다리를 건너 오른쪽 임도를 따라 오르면 솟틀로 내려가는 임도 안부에 이른다. 여기서 북쪽 능선을 오르면 무명봉에 이르고 여기서 왼쪽 안부로 내려가 가파르게 오르면 청우산 정상이다.

　하산은 남쪽 능선으로 내려와 갈림길에서 오른쪽으로 내려오면 묘 옆을 지나 녹수파크 앞 다리에 이른다. 이곳을 건너고 다시 다리를 건너면 덕현리마을회관정류장이다.

불기산

600.7m

경기도 가평군 가평읍
/가평군 청평면

등 산 코 스

> 상천교 — 반야사입구 — 상천3리마을회관 — 마지막집
> 양태봉 —— 태봉입구 —— 불기산정상 —— 수리재

　불기산은 청평에서 가평으로 가는 국도 빛고개 왼쪽 산
으로 특징도 별로 없고 등산로도 단순하다. 기존 안내서에
있는 등산로는 실제로 희미하고 불확실하다.

불기산 정상

　들머리는 상천교정류장에서 잘 포장된 수리천을 따라 상
천3리마을까지 가서 수리재를 올라서면 가지가 잘 퍼진 고
목이 있어 그늘이 되어 준다. 그리고 동쪽 능선을 따라 오
르면 남쪽으로 뻗은 능선과 만나서 좌로 조금 더 가면 정상
이다. 정상엔(사진) 시멘트블럭 위에 '불기산' 이란 표목이
서 있고 그 뒤로 무성하게 퍼진 병꽃나무가 둘러 있다. 정
상에서 동서남쪽은 나무들로 둘러싸여 있고 북쪽만이 조금
트여 대금산으로 깃대봉을 조망할 수 있다. 그리고 윗두밀
로 들어오는 길과 마을을 내려다 볼 수 있다.

　하산은 약간 북동쪽 능선을 내려가다가 다시 오른쪽 능
선을 계속 내려가면 태봉(중종대왕 태봉) 입구에 닿고 여
기서 차도를 따라 오른쪽으로 나가면 국도 46번 양태봉정
류장이다. 양태봉 앞 철도역인 상색역은 폐쇄된지 오래됐
음을 밝혀둔다.

중종대왕 태봉

교통

대중교통

- **상천교, 양태봉**
  : 모두 춘천행 버스(동서울, 상봉동, 동승(철원)), 전곡읍, 의정부, 수원시, 인천시, 천안시에서 오는 버스 이용 하차
- **덕현리**
  : 상봉터미널-청평-현리행 버스 덕현리 하차(출발시간 06:40, 09:00, 11:30, 13:40, 14:40, 15:40, 17:40, 19:30)

승용차

- **상천교, 양태봉** : 경춘국도 46번 이용
- **덕현리** : 경춘국도 46번에서 청평검문소 좌회전 덕현리로

유적명소 및 숙식

유적명소

유적
- **잠곡서원지(향토유적 제7호)** : 가평군 청평면 청평리
- **중종대왕태봉(향토유적 제6호)** : 가평군 가평읍 상색리

명소
- **조종천변 녹수유원지**
- **신장국민관광지**

숙식

- 덕현리, 청평 주변에 많다.

호명산

632m 경기도 가평군 청평면

청평역, ─ 안전유원지 ─ 보(洑) ─ 대성사 ─ 감로암 ─ 계곡
버스터미널   갈림길
  │   │
520봉 ─ 호명산정상 ─ 575봉 ─ 618봉 ─ 550봉 ─ 주릉
                            (용우봉)

대성사 대웅전과 불상

  청평역이나 버스터미널에서 안전유원지 입구를 지나 조종천 위로 가면 물막이(洑)가 있다. 이를 건너 마직이마을 쪽 음식점 앞 길을 지나 마직이마을로 들어가지 않고 오른쪽 철길 밑 길로 가면 우무내골 계류 옆으로 비포장길이 있다. 여기서 계류를 따라가면 대성사 일주문과 외딴집을 지나 계곡다리를 두 번 건너면 차도는 끝나고 오른쪽 계곡으로 위압적인(?) 불상이 보인다.

  그리고 본격적인 들머리는 이 계류를 건너면 시작된다. 울창한 숲과 때묻지 않은 계곡이다. 그리고 두 번 계류를 건너면 안내표지판이 계곡을 막고 있는데 여기서 우측으로 지릉을 오르면 기도원에서 오르는 주릉에 이른다. 여기는 갈림길이 희미하므로 타인을 위하여 표시해 두는 것도 좋다.

  여기서 남서쪽 능선을 따라 오르면 550봉에 이르고 다시 용우봉(618)을 지나 575봉 갈림길에 이른다. 그리고 다시 내려갔다가 오르면 호명산 정상이다. 정상은 헬기장

으로 넓고 사방이 넓게 트여 조망도 좋은데 남쪽으로 청평 호반과 뾰루봉, 서쪽으로 청우산과 깃대봉이 조망된다. 정 상 옆에는 봉화터로 추정되는 곳이 있고 참길향토연구소의 설명문이 작게 나무에 걸려있다.

　정상에서 동쪽으로 하산하면 호명리로 내려가고 주릉을 따라 조금 더 내려가다가 오른쪽 502봉 쪽 능선을 내려가 면 경춘선 철교에 이른다. 이곳 철로에 이르면 철교 옆으로 부설된 보도를 따라 청평역으로 들어오면 된다. 버스터미 널은 역에서 멀지 않다.

등산코스2

```
호명리마을회관 – 의주군수묘 ── 575봉 ── 618봉(용우봉)
                              (대성사갈림길)
       └ 호명산기도원 – 우무내골갈림길 – 550봉 ┘
```

　마을회관에서 북쪽 지릉을 조금 더 오르면 의주군수묘가 있다. 더 오르면 묘가 또 있는데 이 묘를 지나 계속 능선을 오르면 정상이다.

　하산은 ①코스의 오름길과 반대로 575봉과 용우봉(618 봉), 우무내골갈림길을 거쳐 호명산기도원으로 내려와 계 류를 따라 난 차도를 내려오면 호명리마을회관에 이른다.

등산코스3

```
청평역, 버스터미널 – 청평공고 – 오대골갈림길 – 호명산정상 ┐
  └ 안전유원지 – 보(洑) – 대성사 – 전망대 – 575봉갈림길 ┘
```

　청평역이나 터미널에서 마거리교를 건너 조금 더 내려오 면 왼쪽으로 연립주택으로 갈라지는 삼거리다. 이곳에서 동쪽 산 밑 길로 들어서면 오른쪽 산으로 오르는 길이 있 다. 이 길은 청평공고 앞 우측의 민가 앞 층계 길과 능선에 서 만난다. 이 능선에서 동쪽(좌) 능선을 오르면 오대골에 서 오르는 길과 연결돼 있다. 이어서 비스듬히 난 등산로를 따라 오르면 다시 주릉에 오르게 된다. 그리고 계속해서 오 르면 정상에 이른다.

　하산은 575봉에서 북쪽 계곡으로 내려가다가 전망대에

서 맞은편 조종천계곡과 깃대봉을, 그리고 가깝게 우무내
골로 내려다 보며 내려가면 외딴집 옆으로 내려 오게 된다.
그리고 경춘선 철로 밑을 지나 보(洑)를 건너 청평역이나
버스터미널로 가면 된다.

호명산 정상

교 통

▌대중교통

- 동서울, 상봉터미널에서 청평 경유 춘천행 수시
- 성북역과 청량리역에서 약 1시간 간격 춘천행 열차
- 호명리 : 청평 호명리 1일 4회(청평터미널 031-
  584-0239)

▌승용차

- 경춘국도 46번 – 청평1교 – 청평댐 – 호명리
  └ 청평검문소 – 마직이 – 대성사
  – 감로사

유적명소 및 숙식

▌유적명소

유적

- **잠곡서원지(향토유적 제7호)** : 청평면 청평리

● **호명산 봉화대**

명소

● **청평안전유원지**(031-584-0090) : 청평면 청평리
● **청평유원지** : 청평면 청평리
● **산장국민관광지**(031-584-2888) : 상면 덕현리
● **호명저수지(가평팔경)** : 청평면 하천리
※ 호명호수는 미리 신청을 해야 둘러볼 수 있다(청평양
　수발전처 031-580-1215~6).

숙식

숙박

● 호반의왈츠(031-584-5148) : 청평면 호명리
● 숲속의산책(031-585-4464) : 청평면 고성리
● 호텔라인(031-584-7808) : 하면 현리
● 연다라파크(031-585-3622) : 하면 현리
● 청평아카데미유스호스텔(031-584-5500)
　: 상면 덕현리
● 아침고요밀레니엄모텔(031-585-8111) : 상면 행현리
● 축령산훼미리산장파크(031-585-9110) : 상면 행현리
● 산천광야(031-584-4748) : 상면 덕현리
● 향기가머무르는펜션(031-584-0777) : 상면 임초리
● 숲속산장(031-584-5282) : 상면 임초리
● 하늘소마을(031-585-5532) : 하면 상판리
● 감춰진폭포웰빙펜션(031-585-5106) : 하면 상판리

식사

● 은서네손두부(031-585-2390) : 하면 하판리
● 덕영감자탕(031-584-4855) : 청평면 청평리
● 강변가든(031-584-0682) : 청평면 청평리
● 청평나위(031-585-8505) : 청평면 삼회리
● 중국성(031-584-0530) : 청평면 청평리
● 벽오동(031-585-6336) : 청평면 청평리
● 용두골(031-585-3330) : 청평면 삼회리
● 옥천냉면(031-584-9507) : 청평면 하천리
● 빗고개기사식당(031-582-7631) : 청평면 상천리
● 동남가든(031-585-5077) : 청평면 청평리
● 시드니라이브레스토랑(031-585-5066)
　: 상면 덕현리

칠봉산(七峰山) 506m / 천보산(天寶山) 423m

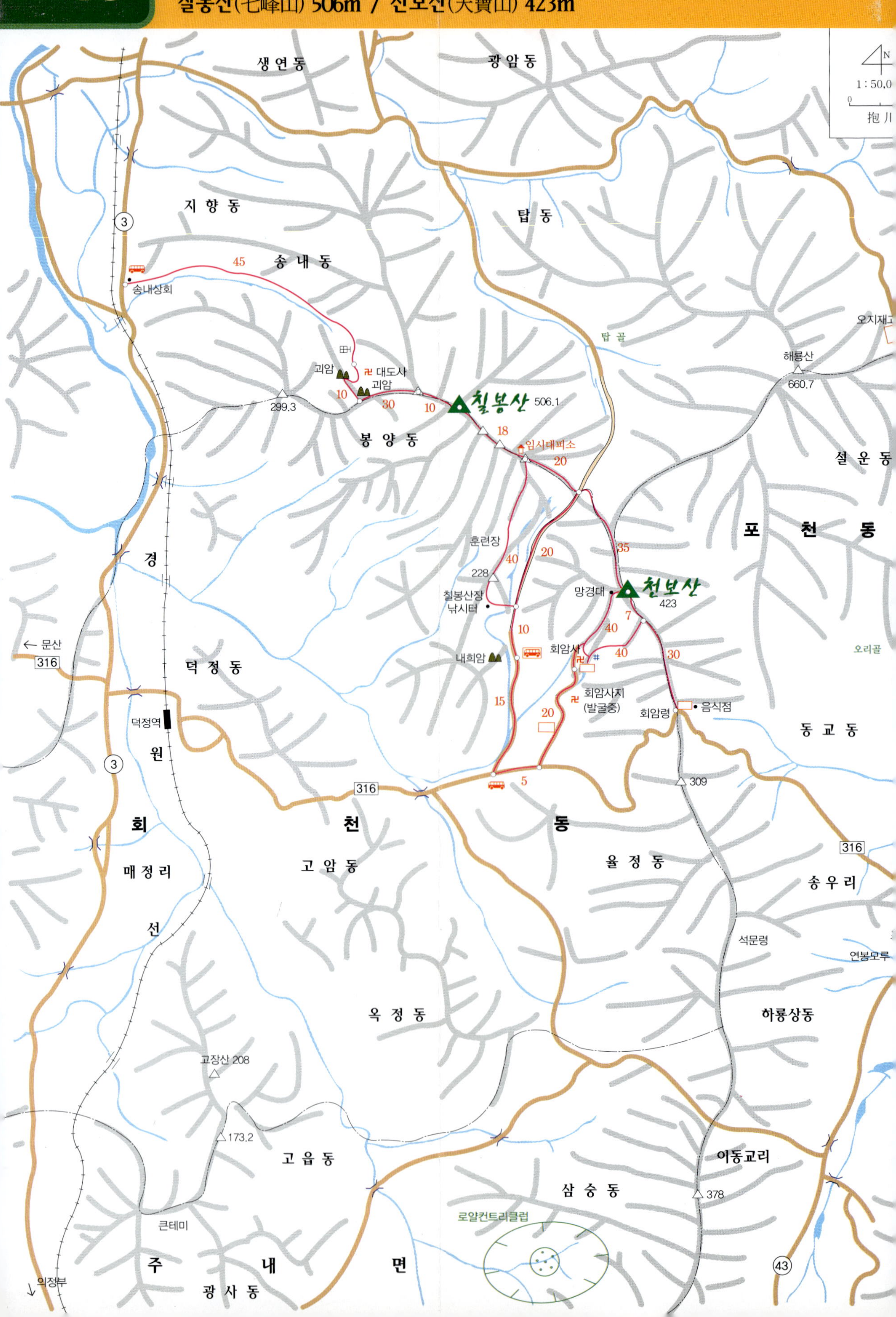

N
1 : 50,000
0   1Km
一 東·兩水
덕현리
청 평 면
춘경
선철도
가평
타원리
조 종 천
37
37
검문소
청평교
8
마직이
버들습말
호명저수지
팔각정
가평읍
46
은고개
작곡동
20
보(洑)
의주문
우무내골
외딴집
대성사
50
10
30
21
8
감로사
9
550
30
호명산기도원
복장리
청평리
청평터미널
청평역
철길보도
급경사
80
502
용우봉
노송
17
618
21
502
전망대
575
632
22
하지골
50
호명리
방골
청수식당
팔각정
60
호명산
90
중박골
고성리
창촌
호명굴
오대골
청평1교
청평댐
댐통행금지
의주군수묘
식당
새마을회관
청솔식당
양진
축동안
외서교
청평대교
뽀루식당
40
각상골
46
37
청
평
호
소야곡
가래골
363
회골
40
709.7
뽀루봉
50
회곡교
35
능골
보남산
안골
15
안골고개
50
삼발교
25
20
크리스탈생수공장
회곡리
삼회리
60
35
절골
20
25
화야산
754.9
솔고개
37
탑선교
한거
20
물문
신천리
10
50
명장
70
설 악 면
배치
왕배
591
클럽200 컨트리클럽
628
곡달산
유명산

칠봉산

506m　경기도 양주시 회천동/동두천시

천보산

423m　경기도 양주시 회천동 /포천시 포천동

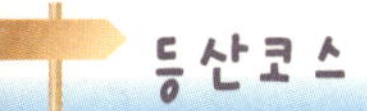
등산코스

송내정류장 - 대도사 - 괴암 - 갈림봉 - 칠봉산정상 - 대피소 끝봉

회암리정류장 - 회암사지 - 회암사 - 천보산정상 - 고개

회암리종점 ──────── 칠봉산장 ──────── 228봉

칠봉산 전경

　칠봉산과 천보산은 히암리에서 탑골로 넘어가는 고개를 사이에 두고 마주 보고 있는 산으로 동남에서 서북방향으로 뻗어 있는 산이다. 칠봉이 말해 주듯 봉우리가 7개이지만 뚜렷한 것은 4개의 봉으로(사진) 이뤄진 산이 칠봉산이다. 그리고 천보산은 지도상에는 의정부 북쪽에 있다(336.8m). 이 회암사가 있는 뒷산을 천보산이라 부르는 것은 천보산맥(국사봉, 왕방산, 해룡산에서 회암사 뒤 천보산에서 다시 서쪽으로 칠봉산, 소요산과 남쪽으로 회암령을 넘어 백석이고개를 거쳐 의정부 북쪽 천보산에 이르는 산맥)에 위치하고 유명한 고찰인 회암사가 있기 때문에 붙인 이름인 것 같다(필자 소견).

67

이 코스는 칠봉산과 천보산을 따로따로 떼어 놓고 생각할 수도 있으나 차도를 걷는 밋밋함 때문에 연계산행을 하는 것이 좋다.

의정부에서 회천동을 지나 철도건널목을 지나면 송내버스정류장이다. 여기서 송내상회 옆으로 포장도로를 계속 따라 오르면 대도사 안내표지가 전주에 붙어 있다. 그리고 계곡으로 오르다 우측의 목장을 지나면 대도사의 대웅전이 있다. 대웅전 아래 요사채 우측엔 샘이 있고(수통을 채운다) 그 옆 층계를 오르면 마치 ET같이 생긴 바위 밑에 촛불과 불상이 있다. 여기서 남쪽 지릉을 오르면 대웅전 용마루 위에 공기돌같이 보이는 바위가 있다(여기에도 촛불과 작은 불상이 놓여 있다). 그리고 동쪽 주릉을 따라 잠시 내려갔다가 오르면 갈림길봉에 이르고 다시 완만한 경사길을 오르면 육산의 봉우리가 칠봉산 정상이다. 여기에서의 조망은 국사봉, 왕방산, 해룡산 등이 동쪽으로 보인다.

하산은 두 개의 봉우리와 헬기장을 지나 양철대피소 끝봉에서 고개를 거쳐 천보산으로 갈 수도 있다. 그리고 남쪽 능선 바위 옆을 내려가 훈련장과 228봉을 거쳐 칠봉산장(낚시터)에서 차도를 따라 회암리 버스 종점으로 갈 수도 있다.

회암사와 천보산 정상

그러나 천보산으로 가려면 고개로 내려가 왼쪽으로(탑골 쪽) 조금 더 가다가 오른쪽으로 오르면 주릉에 이르고 여기서부터 등산로는 뚜렷하다. 천보산에서 망경대로 내려오면 회암사가 내려다보이고 서쪽의 칠봉산의 연봉이 보인다.

하산은 주릉을 따라 동남으로 내려오다 우측 능선으로 내려오면 샘을 거쳐 회암사 주차장에 이르게 된다. 그리고 만경대로 내려오면 회암사 부도와 만나서 샘이나 회암사

경내를 거쳐 주차장에 이른다.

　여기서부터 차도를 따라 내려가면 회암사지를 거쳐 회암
리삼거리정류장에 이른다.

 **교 통**

｜대중교통 ｜

- **대도사**
: 서울(수유리) – 의정부 – 회천동– 송내정류장(5분
간격) 36, 39, 139번 버스 이용
- **회암리종점** : 의정부 – 덕정– 회암리 종점

※ 덕정역 : 서울버스 지선 1018(동대문), 1148번(미아
삼거리) 버스
광역 – 9101번(종로5가) 버스 이용

｜승용차 ｜

- 서울 – 의정부 3번 국도 – 송내동 송내상회 – 대도사
　　　└ 덕정역 ┌ 회암사지
　　　　　　　└ 회암리 종점 – 칠봉산장

 **유 적 명 소 및 숙 식**

｜유적명소 ｜

유적

- **탑동석불(향토유적 제5호)**
: 고려 말 대사찰 회암사의 9암자가 있었던 곳의 석
불로 고려 말의 것
- **회암사(지)**
: 양주시 회천동 소재 1328년(고려 충숙왕 15년) 지공
(指空) 창건, 1376년(우왕 2년) 나옹이 지었고 1472
년(조선 성종 3년) 정희왕후(세조비)의 명으로 정현조
(鄭顯祖)가 삼창을 했다. 그 뒤 폐사된 것을 1821년
(순조 21년)에 나옹, 지공, 무학(無學)의 3화상의 부
도와 비를 중수, 옛터 오른쪽에 작은 절을 짓고 회암사
라 칭했다. 이 절은 조선 초기에 가장 컸던 절로 이태
조가 왕위를 아들에게 물려주고 수도생활을 한 절로
유명하다. 1424년(세종 6년)의 기록에 의하면 250명
의 승니(僧尼)가 있었다고 한다(《새국사사전》

1578P).

- **회암사지부도, 쌍사자석등(보물 제388, 389호)**
  : 회천동 회암사(사진)
- **회암사지 선각왕사비(보물 제387호)** : 회천동 회암사
- **회암사지(사적 제128호)** : 회천동 회암사(사진)
- **회암사지 당간지주(향토유적 제13호)**
  : 회천동 회암사

명소
- **칠봉산장**
- **회암사지**

숙식

숙박
- 부흥여관(031-858-0118) : 양주시 덕정동
- 나나장여관(031-859-3515) : 양주시 덕정동
- 귀빈파크(031-866-5884) : 양주시 율전동
- 캐피탈모텔(031-866-8265) : 양주시 율전동
- 산장파크여관(031-866-6355) : 양주시 율전동
- 캐피탈여관(031-865-9802) : 양주시 율전동

식사
- 낙지한마리수제비(031-859-0572) : 양주시 덕정동
- 황가네칡냉면(031-857-1007) : 양주시 덕정동
- 왕십리막창(031-861-9229) : 양주시 덕정동
- 경원기사님식당(031-866-9090) : 양주시 율전동
- 진지상식당(031-866-8848) : 양주시 율전동

1. 다음과 같은 질환이 있는 사람은 등산을 삼가함이 좋다. 관절염, 심한 고혈압, 심한 저혈압, 중증당뇨병, 심폐기능쇠약자, 고공공포증 및 현기증의 증세가 있는 자, 기타 노쇠약자 등

2. 등산장비는 자기에게 맞는 것을 선택하되 가볍고, 편하며, 부피가 적고, 내구성이 좋으며 저렴해야 한다. 그러나 단 가격에 너무 얽매이면 안되고 유경험자의 조언을 듣는 것이 좋다.

3. 등산을 처음 시작할 때에는 경험있는 안내자와 동행하는 것이 좋다.

4. 아무리 낮은 산이라도 겸손한 마음으로 준비된 등산을 해야 한다.

5. 등산 안내도 및 안내책, 지도(국립지리원 발행 25000~50000분의 1)와 나침반을 지참하되 무엇보다도 이에 앞서 독도법을 숙지해야 한다.

6. 등산로는 지정된 등산로(국립, 도립, 군립, 시립공원)와 확실하고 안전한 등산로를 택하되 잘 될 때는 새로운 리본이 많이 달린 쪽 길을 택하되 암릉, 암봉을 피하며 우회로를 택함이 좋다(단 가이드가 있는 경우는 예외임).

7. 폭우와 폭설 등 갑작스런 기상이변에 대비하여 일기예보(국번 없이 131번)에 귀를 기울여야 한다.

8. 만일의 사고에 대비하여 구급약, 자일, 구조대 전화번호(지역번호+119)를 사전에 준비, 기록하여 둔다.

⑨ 강설, 결빙기에는 늘 아이젠과 스피츠 및 방한복과 랜턴을 준비한다.

⑩ 비상식량은 유효기간과 변질을 확인하여 늘 보충, 준비해야 한다.

⑪ 높은 산일수록 일몰시간이 빠르므로 적어도 오후 5시까지는 하산을 끝내야 한다.

⑫ 등산시 갈증과 허기는 산행에 절대적인 지장을 주므로 미리미리 마시고 먹되 일시에 많이 먹는 것보다 조금씩 자주 마시고 먹는 것이 좋다. 그리고 식후 즉시 산행을 하거나 취침에 들어가는 것은 소화장애를 일으킬 수 있으므로 적어도 30분 후에 함이 좋다.

⑬ 야영은 지정한 장소에서 하되 불가피한 경우는 급류지역, 깊고 좁은 계곡, 절벽, 암벽, 뾰족한 곳, 비상탈출로가 없는 곳 등은 피해서 하고 만일의 사태에 대비하여야 한다. 핸드폰을 지참했을 경우는 배터리를 절약, 비상연락에 지장이 없도록 유의한다.

⑭ 환자가 발생했을 때에는 경험있는 사람이 다뤄야 하고 특히 염좌, 골절, 출혈, 혼수상태 등의 경우는 구조대의 조언을 받아 응급처치를 하되 함부로 환자를 이동시키면 안 된다.

⑮ ‘아는 길도 물어가라’ 는 말이 있듯이 산행 중에 만나는 사람들끼리 서로 인사하며 산행정보를 교환하는 것이 좋다.

○꼭 휴대해야 할 것   △판단에 의해 휴대

구분	장 비 명	봄	여름	가을	겨울	점검
의 류	모 자	○	○	○	○	
	스 웨 터	△		○	○	
	윈드자켓	○	○	○	○	
	장 갑	△	△	○	○	
	덧 장 갑				○	
	덧 바 지	△			○	
	내 의	△			○	
	스톰파카	△		○	○	
	목 도 리	△			○	
	스 패 츠				○	
	비 옷	○	○	○	△	
	손 수 건	○	○	○	○	
	예비의류	○	○	○	○	
운 행 구	등 산 화	○	○	○	○	
	지 도	○	○	○	○	
	나 침 반	○	○	○	○	
	배 낭	○	○	○	○	
	서 브 색	○	○	○	○	
	보조자일			○	○	
	아 이 젠				○	
	고 글		○		○	
	헤드램프	○	○	○	○	
	라 디 오	○	○	○	○	
	고 도 계	△	△	△	△	
	자 석	△	△	△	△	

구분	장 비 명	봄	여름	가을	겨울	점검
취사구	코 펠	○	○	○	○	
	버 너	○	○	○	○	
	양 념 통	○	○	○	○	
	자 바 라	○	○	○	○	
	연료(통)	○	○	○	○	
	알 콜	○	○	○	○	
	수 통	○	○	○	○	
	수 저	○	○	○	○	
	칼	○	○	○	○	
	예비연료	○	○	○	○	
막영구	텐 트	○	○	○	○	
	침 낭	○	○	○	○	
	매 트 리 스	○	○	○	○	
	판 쵸	○	○	○	○	
	침낭커버	△			○	
	비 박 색	△			○	
	랜 턴	○	○	○	○	
	예비전지	○	○	○	○	
	전 구	○	○	○	○	
	양 초	○	○	○	○	
	성 냥	○	○	○	○	
기타	비 상 식 량	○	○	○	○	
	구 급 약 품	○	○	○	○	
	휴지·수건	○	○	○	○	
	예 비 끈	○	○	○	○	
	기 록 구	○	○	○	○	
	세 면 도 구	○	○	○	○	

구급약품표

- **소독약** : 과산화수소, 포비돈
- **외상약** : 지혈제, 찰과상연고(복합마데카솔연고, 후시딘), 동상연고, 화상연고, 벌레물린데 쓰는 약
- **내복약** : 소화제, 지사제, 해열진통소염제, 진정제, 항생제
- **위생용품 및 용구** : 탈지면, 붕대, 압박붕대, 지혈대, 반창고, 핀셋, 가위, 1회용 밴드, 습포제

구급법

환자가 발생했을 때 해야 할 일반적인 절차는 다음과 같다.
① 환자의 고통을 완화시켜 주도록 할 것
② 증상이 악화되는 것을 막을 것
③ 신속히 의사의 진찰을 받을 수 있도록 할 것

1. 외상과 출혈

간단한 외상에는 깨끗한 물이나 비눗물로 닦아 내고 소독액으로 소독한 후 거즈를 대어준다. 가벼운 외상에 의한 출혈은 출혈 부위를 압박하는 것으로도 지혈이 충분하나 심하면 지압법이나 지혈대를 사용한다.

☞ **치료법**

① **직접압박** : 상처 부위가 작을 때는 깨끗한 거즈를 상처에 대고 직접 상처 부위를 압박한다.
② **지압법** : 출혈이 비교적 많을 때 출혈 부위의 동맥을 찾아 손가락으로 누르는 방법이다.
③ **지혈대** : 출혈이 많을 때 출혈 부위보다 심장이 가까운 부위를 매는 방법이다. 살이 많은 부위가 좋으며 출혈이 완전히 멈출 때까지 지혈대를 죈다. 일단 맨 지혈대는 20분마다 2~3분 정도 풀었다 다시 매며 출혈 부위는 심장보다 높게 하는 것이 좋다.

2. 화상

화상을 입게 되면 피부가 붉게 부풀어오르고 통증이 온다.
좀더 심하면 피부에 수포가 생기고 피하조직까지 손상된다.
대개 1, 2, 3도로 구분한다.

☞ **치료법**

① 화상을 입은 부위를 즉시 찬물에 넣는다.
② 1, 2도 화상은 바셀린 연고나 화상 연고를 바른다. 물집
  이 생겼을 때는 터뜨리지 않는다.
③ 3도 화상과 넓은 부위의 중화상은 환자를 편안하게 해
  준 다음 곧 병원으로 옮긴다.

3. 동상

손가락, 발가락, 코, 귀 등의 신체부분이 추위나 강풍에 노
출될 때 일어난다. 1, 2, 3, 4도 동상으로 나눈다.

☞ **치료법**

환부를 다른 사람의 체온으로 녹여준다. 불 근처에서 직
접 녹이거나 비벼서는 안되며 신속히 병원으로 옮기도록
한다.

4. 뱀에 물렸을 때

환부가 붓고 피부가 암자색으로 변한다. 점점 부종이 신체
의 윗부분으로 퍼지며 때로 피로, 호흡곤란, 맥박 증가, 구
토, 의식장애가 일어난다.

☞ **치료법**

① 몸을 움직이지 말고 절대 안정을 취한다.
② 환부의 윗부분을 지혈대로 매어 심장으로 피가 가지 못
  하도록 한다.
③ 불에 소독한 칼로 환부를 1㎝가량 십자모양으로 절개하
  고 피를 빨아낸다. 최소한 30분 정도는 빨아내며 시술
  자는 입 안에 상처가 없어야 한다.
④ 의식이 있으면 물을 많이 먹이고 신속히 병원으로 옮
  긴다.

5. 벌, 독충에 물렸을 때

환부가 아프고 붓는다. 심하면 전신이 빨개지고 두드러기,
구역질, 구토, 쇼크, 호흡곤란이 일어날 수 있다.

① 벌, 독충의 침이 내부에 꽂혀있을 때가 많으므로 이것을 뽑아낸다.
② 암모니아수로 중화시킨 후 항히스타민제 로션 등을 바른다.

6. 열사병

열, 햇볕에 과잉 노출되어 몸 속의 열 조절 기능이 마비되었을 때 일어나며 신속히 처리해야 한다. 심한 고열과 피부가 건조해지며 의식장애가 일어날 수 있다.

① 환자를 서늘한 곳으로 옮기고 옷을 벗긴다.
② 얼음주머니로 계속 닦아주며 심장에서 먼 부위부터 닦아준다.
③ 팔, 다리, 근육 등을 문질러 혈액순환을 도와준다.
④ 의식을 회복하면 냉수를 마시게 한다. 의식불명일 경우 병원에 데려가고 도중에 환자의 몸을 계속 식혀주어야 한다.

7. 열경련과 열피로

더운 환경에 오랫동안 노출하여 염분 및 수분이 손실되는 경우이다. 증상은 두통, 현기증, 맥박이 약해지고 의식상태가 흐려지며 복통, 근육통이 일어난다. 얼굴은 창백해지고 식은땀이 난다.

① 환자를 서늘한 곳으로 옮기고 머리를 낮춘다.
② 옷을 느슨하게 하고 몸을 따뜻하게 한다.
③ 소금물(물 1컵 : 소금 1스푼), 과즙, 냉수 등을 마시게 한다.
④ 증상이 낫지 않으면 신속히 병원으로 데려간다.

8. 삠

관절 주위가 비틀려서 인대가 늘어난 것을 말한다. 멍이 들며 붓고 아프다.

① 찬물 찜질을 하고 부위를 심장 위치보다 높인다. 탄력붕대로 감아주면 효과가 크다.

9. 골절

뼈가 부러진 것을 말하며 심한 통증과 부종이 나타난다. 대체로 골절 부위는 움질일 수가 없다.

☞ 치료법

① 환자를 함부로 움직이지 않도록 하며 치료의 우선 순위는 기도의 확보 및 유지, 쇼크 여부, 출혈 여부를 살펴보아서 결정한다.
② 의식불명일 때는 쇼크에 대한 치료를 먼저한다.
③ 출혈이 있을 때는 지혈대를 사용하거나 소독된 거즈를 덮고 직접 압박으로 출혈을 멈추게 한다.
④ 골절 부위에 부목을 대준다. 쉽게 구할 수 있는 부목으로는 나뭇가지, 두터운 종이, 신문지 등이 있다.
⑤ 개방성 골절(뼈가 밖으로 드러난 골절)은 절대로 건드리지 말고 소독된 거즈로 압박하며 의사에게 보이도록 한다.
⑥ 척추 손상인 경우 환자를 움직이지 않게 한다. 함부로 움직일 경우 척추신경의 손상을 가져와 치명적일 수도 있기 때문이다.

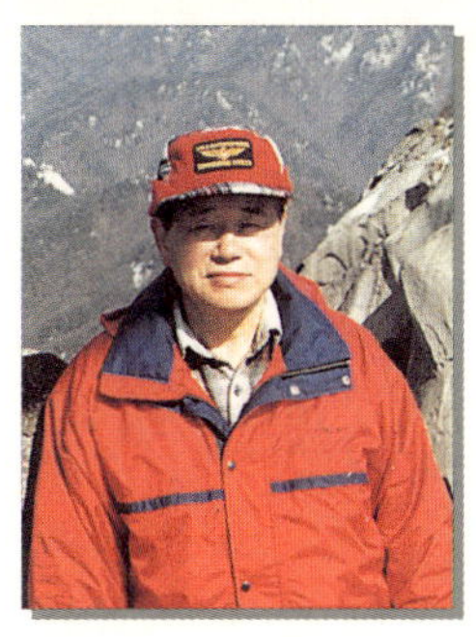

손치석

1938년 서울 출생
경복고등학교 졸업
서울대학교 약학대학 졸업
KCPSA(코리아약과학원) 약국학 박사학위 취득
강남·강동구약사회장 역임
강동구 길동 신협 이사장 역임
본격적인 등산경력 25년

현재 평산약국 대표약사
　　　　향토사학가
　　　　산행작가
· E - mail : csson03@nate.com

내 몸에 꼭 맞는
서울 근교 웰빙산행1

초판 1쇄 인쇄일 2005년 8월 12일
초판 1쇄 발행일 2005년 8월 20일

글 · 사진　　손치석
펴 낸 이　　최길주

펴 낸 곳　　도서출판 BG북갤러리
등록일자　　2003년 11월 5일(제318-2003-00130호)
주　　소　　서울시 영등포구 여의도동 14-5 아크로폴리스 406호
전　　화　　02)761-7005(代)
팩　　스　　02)761-7995
http://www.bookgallery.co.kr
인터넷 한글주소 : 북갤러리
E-mail : cgjpower@yahoo.co.kr

ⓒ 손치석, 2005

값 5,500원

* 저자와 협의에 의해 인지는 생략합니다.

* 잘못된 책은 바꾸어 드립니다.

ISBN 89-91177-09-3 14980
ISBN 89-91177-08-5 (세트)